De mudança para Marte

De mudança para Marte
A corrida para explorar o planeta vermelho

STEPHEN L. PETRANEK

tradução de
CÉLIA REGINA DE LIMA
JÚLIO MONTEIRO

Copyright © 2015 Stephen L. Petranek
Copyright da tradução © 2016 Alaúde Editorial Ltda.

Título original: *How We'll Live on Mars*
Publicado mediante acordo com a editora original, Simon & Schuster, Inc.
TED, o logo TED e TED Books são marcas da TED Conferences, LLC.

Todos os direitos reservados. Nenhuma parte desta edição pode ser utilizada ou reproduzida – em qualquer meio ou forma, seja mecânico ou eletrônico –, nem apropriada ou estocada em sistema de banco de dados sem a expressa autorização da editora.

O texto deste livro foi fixado conforme o acordo ortográfico vigente no Brasil desde 1º de janeiro de 2009.

INDICAÇÃO EDITORIAL: Lauro Henriques Jr.
PREPARAÇÃO: Francisco José M. Couto
REVISÃO: Claudia Vilas Gomes e Raquel Nakasone
CAPA: Chip Kidd
IMAGEM DE CAPA: Daniel Kaesler/Alamy
PROJETO GRÁFICO: MGMT. design
ADAPTAÇÃO DE CAPA: Rodrigo Frazão
IMPRESSÃO E ACABAMENTO: Ipsis Gráfica e Editora S/A

1ª edição, 2016
Impresso no Brasil

Dados Internacionais de Catalogação na Publicação (CIP)
(Câmara Brasileira do Livro, SP, Brasil)

Petranek, Stephen L.
  De mudança para Marte: a corrida para explorar o planeta vermelho / Stephen L. Petranek; tradução de Célia Regina de Lima, Júlio Monteiro. -- São Paulo: Alaúde Editorial, 2016. -- (Coleção TED Books)

  Título original: How We'll Live on Mars
  ISBN 978-85-7881-353-6

  1. Astronomia 2. Ciência espacial 3. Colônias espaciais 4. Marte (Planeta) 5. Planetas - Engenharia ambiental I. Título.

16-01822   CDD-620.419

Índices para catálogo sistemático: 1. Marte: Planeta: Exploração espacial: Tecnologia 620.419

2016
Alaúde Editorial Ltda.
Avenida Paulista, 1337,
conjunto 11
São Paulo, SP, 01311-200
Tel.: (11) 5572-9474
www.alaude.com.br

Compartilhe a sua opinião
sobre este livro usando as hashtags
#DeMudançaParaMarte
#TedBooksAlaude
#TedBooks
nas nossas redes sociais:

/EditoraAlaude
/EditoraAlaude
/AlaudeEditora

*Eu quero que os americanos vençam a corrida para realizar todo tipo de descoberta que propicie novos empregos [...] aventurando-se no sistema solar não apenas para visitar, mas para ficar.
No mês passado, lançamos uma nova espaçonave como parte de nosso revigorante programa espacial que enviará astronautas americanos para Marte.*

— Presidente Barack Obama, discurso sobre o Estado da União, 20 de janeiro de 2015

SUMÁRIO

INTRODUÇÃO	O sonho	**11**
CAPÍTULO 1	*Das Marsprojekt*	**19**
CAPÍTULO 2	A grande corrida espacial privada	**28**
CAPÍTULO 3	Foguetes são traiçoeiros	**34**
CAPÍTULO 4	Questões importantes	**40**
CAPÍTULO 5	A economia de Marte	**45**
CAPÍTULO 6	Viver em Marte	**55**
CAPÍTULO 7	Reconstruir Marte à imagem da Terra	**73**
CAPÍTULO 8	A próxima corrida do ouro	**89**
CAPÍTULO 9	A fronteira final	**95**
AGRADECIMENTOS		**99**
CRÉDITO DE IMAGENS		**100**

De mudança para Marte

INTRODUÇÃO

O sonho

Uma previsão:
Em 2027, duas espaçonaves modernas chamadas *Raptor 1* e *Raptor 2* finalmente chegam a Marte, entrando em órbita depois de exaustivos 243 dias de viagem. Quando a *Raptor 1* inicia a descida na superfície, cerca de 50 por cento de toda a população da Terra assiste ao acontecimento, alguns em enormes telas de LCD ao ar livre. Nessa conjuntura de órbitas da Terra e de Marte, os sinais de comunicação demoram aproximadamente vinte minutos para chegar ao planeta de origem, então os terráqueos se encontram em uma estranha dobra de tempo e de espaço. Enquanto a nave desce no solo marciano, os quatro astronautas a bordo já poderiam estar mortos se tivesse havido algum problema.

Quase uma década de preparação culminou nesse momento: a espaçonave se aproxima da superfície quando o efeito de explosão dos foguetes de aterrissagem faz levantar poeira vermelha. Os espectadores na Terra esperam ansiosamente, enquanto um apresentador relembra uma coletiva de imprensa ocorrida anos atrás – uma reunião que chocou o mundo e fez a Nasa passar vergonha, já que ainda faltavam pelo menos dois anos para ela testar sua espaçonave capaz de ir a Marte com sua tripulação humana. Naquele dia, a empresa particular responsável pela empreitada revelou que estava prestes a construir uma série de foguetes gigantescos para transportar pessoas para Marte e que dentro de uma década iria lançar um ou dois para realizar a primeira aterrissagem tripulada no planeta vermelho.

À medida que a *Raptor 1* pousa numa cratera imensa próxima ao equador marciano, os astronautas a bordo já antecipam os acontecimentos. O tempo é precioso. Se tudo correr bem com a primeira aterrissagem, a *Raptor 2* fará o mesmo dentro de algumas horas, levando mais exploradores a bordo. A primeira providência dos astronautas será erguer o hábitat do acampamento-base, parte da enorme carga que as naves levaram. Eles também terão de inflar as "construções" – tendas pressurizadas envoltas por redomas feitas de material exótico que vão expandir o espaço de convivência e funcionar como estufas para cultivar alimentos.

Existem semelhanças ambientais entre Marte e a Terra. O terreno marciano se parece bastante com algumas regiões da Terra – os vales secos da Antártica ou os desertos elevados dos vulcões havaianos. Outros fatores também serão extremamente desafiadores. Um dia em Marte tem apenas 39 minutos e 25 segundos a mais que um dia na Terra, mas um ano marciano é muito mais longo do que um ano terrestre – tem 687 dias –, e por isso as estações duram o dobro do tempo. A órbita de Marte é oval, produzindo variações sazonais entre o verão e o inverno muito mais intensas que as da Terra; no hemisfério sul, os verões são mais quentes e os invernos, mais frios. Na prática, esses colonizadores marcianos esperam estabelecer duas bases, uma abaixo do equador, no hemisfério sul, para o verão, e outra no hemisfério norte, para o inverno.

Mas agora, dentro de 24 horas, os primeiros seres humanos a pisar em Marte precisam iniciar sua tarefa mais importante: encontrar água. Eles têm de descobrir se, como fora previsto pelos robôs terrestres e pelas sondas orbitais da Nasa, há água suficiente no solo da superfície, denominado regolito, tanto para suportar suas necessidades de hidratação como para criar um estoque que proporcione mais oxigênio para seu consumo. Os astronautas aterrissaram propositadamente em uma cratera na qual uma sonda orbital da Nasa havia detectado uma grande placa de gelo de água pura. Se essa placa não for realmente dessa substância, eles deverão procurar outro local nas proximidades do regolito com alta porcentagem de gelo. Caso não consigam encontrar nas imediações, os astronautas terão de utilizar radares de penetração no solo para localizar depósitos de água subterrâneos e então perfurar.

Muito antes de as próximas espaçonaves chegarem (cerca de dois anos a partir deste momento), os astronautas precisarão construir estruturas mais permanentes, talvez usando tijolos feitos com regolito. Apesar de ser um dia ensolarado e estar relativamente quente – cerca de 10 °C –, as temperaturas vão desabar assim que começar a escurecer, transformando o ambiente em algo semelhante a uma das noites mais frias no polo sul. Pousar perto do equador dá aos astronautas a vantagem de encontrar temperaturas mais amenas, que podem atingir 20 °C num dia de verão. Mesmo assim, durante a noite a temperatura cai facilmente a 70 °C abaixo de zero, e as estruturas têm de ser capazes de isolar os astronautas do frio, bem como protegê-los dos perigosos raios solares, que atravessam com muito mais facilidade a atmosfera rarefeita.

Na hipótese de tudo dar errado – se eles não conseguirem descobrir uma boa fonte de água, se os efeitos de radiação forem mais severos que os previstos ou se uma das naves sofrer muitos danos no pouso –, os tripulantes terão de se recolher e esperar uma janela de lançamento razoável para empreender a longa viagem de volta para a Terra. Caso contrário, permanecerão lá.

Esses primeiros colonos, sozinhos em um planeta aparentemente sem vida alguma e a 400 milhões de quilômetros de casa, têm muito em comum com os desbravadores que os precederam – os grandes exploradores que, ao longo da história, escalaram montanhas e cruzaram oceanos para criar novas vidas. Ainda assim, por mais que possam ser comparados aos exploradores do passado, esses cosmonautas pioneiros são mais importantes em todos os aspectos do que os que vieram antes deles. Sua presença em Marte representa a maior conquista da inteligência humana.

Quem quer que tenha visto Neil Armstrong dar seu primeiro passo na Lua em 1969 há de concordar que, por um momento, a Terra parou. O encanto e a estupefação daquela grande façanha eram tão incompreensíveis que muita gente ainda acredita que tudo aconteceu em um cenário de Hollywood. Quando os astronautas pisaram na Lua, as pessoas começaram a comentar: "Se conseguimos ir até a Lua, podemos fazer qualquer coisa". O que elas queriam dizer é que conseguiríamos fazer qualquer coisa nas proximidades da Terra. Pousar em Marte terá um sentido totalmente diferente: se podemos ir a Marte, podemos ir a qualquer lugar.

Essa conquista fará com que os sonhos de ficção científica como os de *Star Wars* e *Star Trek* comecem a parecer reais. Fará com que as luas de Saturno ou de Júpiter pareçam lugares interessantes para explorar. Bem ou mal, essa conquista vai atrair uma onda de caçadores de fortuna talvez ainda maior do que na corrida do ouro na Califórnia. Melhor ainda, expandirá nossa visão para além dos limites da gravidade da Terra. O momento em que os primeiros seres humanos pisarem em Marte será mais importante do que qualquer outro em termos de tecnologia, filosofia, história e exploração... não seremos mais uma espécie de um só planeta.

Esses exploradores representam o início de um plano ambicioso, que implica não apenas visitar Marte e instalar ali um acampamento-base, mas reestruturar ou "terraformar" o planeta inteiro – a fim de tornar sua rarefeita atmosfera de dióxido de carbono suficientemente rica em oxigênio para que os terráqueos respirem, além de aumentar sua temperatura média de 63 °C negativos para 6 °C negativos, bem mais toleráveis, e encher seus lagos e riachos secos e gelados com água e plantas que possam florescer nessa zona temperada com uma dieta rica em CO_2. Esses astronautas iniciarão um processo que talvez só seja concluído daqui a mil anos, mas que criará uma segunda casa para os seres humanos, um posto avançado na fronteira distante. Como vários postos de fronteira do passado, um dia ele poderá rivalizar com o planeta natal em matéria de recursos, padrão de vida e conveniência.

Esses desbravadores embarcaram em uma jornada com implicações que se estenderão pelo futuro. Sua missão mais ambiciosa é estabelecer uma sociedade exploradora do espaço que mantenha uma série de portos espaciais para foguetes, facilitando a decolagem em um planeta com baixa gravidade. De lá os humanos poderão viajar para os cantos mais afastados do sistema solar.

Quando esses foguetes pousarem em Marte, num futuro próximo, será muito mais do que um momento grandioso para a exploração espacial. Será um seguro de vida para a espécie humana. Existem perigos reais para a sobrevivência contínua da espécie humana na Terra, como nossa incapacidade de salvar o planeta da destruição ecológica e a possibilidade de uma guerra nuclear. Basta uma colisão com um único asteroide para eliminar quase por completo a vida na Terra. Finalmente, o Sol pode aumentar tanto que extinguirá nosso planeta. Muito antes de isso acontecer, precisamos nos tornar desbravadores do espaço, capazes de viver não apenas em outro planeta, mas também em outros sistemas solares. Os primeiros seres humanos a emigrar para Marte serão nossa maior esperança de sobrevivência da espécie. Sua minúscula base se transformará em uma colônia, e talvez até surja uma nova espécie que se expandirá rapidamente. A empresa que fabricou os foguetes que os transportaram construirá muitos outros. A intenção é criar uma população viável de 50.000 pessoas dentro de poucas décadas. Elas poderão preservar a sabedoria coletiva e as conquistas da humanidade mesmo que os remanescentes da Terra sejam aniquilados.

Na verdade, já faz mais de trinta anos que é possível chegar a Marte. Aproximadamente uma década depois da missão *Apollo 11*, que levou os primeiros seres humanos para a Lua, poderíamos ter levado terráqueos para o planeta vermelho. Quase toda a tecnologia necessária já está disponível faz tempo. Nós simplesmente escolhemos não ir atrás dessa oportunidade.

É importante entender as razões históricas desse erro – como uma única decisão de um presidente americano dificultou a viagem espacial por décadas, como poderíamos ter inspirado duas gerações de terráqueos com nossa habilidade de superar problemas em praticamente qualquer área que o cérebro possa imaginar. Há quase cinco décadas já éramos capazes de nos lançar no sistema solar e além dele.

Agora a construção privada de foguetes abriu uma nova janela para as estrelas. Talvez a necessidade de explorar esteja escrita em nosso DNA; o *Homo sapiens* começou a se aventurar para fora das fronteiras da África há mais de 60.000 anos até povoar o mundo inteiro. A capacidade de explorar pode estar relacionada à sobrevivência humana. Mas ela também levou à colonização de terras já ocupadas, à devastação de culturas e à pilhagem de recursos.

A colonização de Marte deve começar muito antes do que imaginamos, e de forma não regular. Por meio de estudos e pesquisas, este livro mostra que, por incrível que pareça, podemos construir em Marte. Ao mesmo tempo, trata-se de um alerta. O potencial é enorme, mas as armadilhas são várias. O momento para pensar é agora.

1 *Das Marsprojekt*

Quando Robert Goddard lançou o primeiro foguete movido a combustível líquido à respeitável altitude de 12 metros, em 1926, como ele poderia imaginar que pousaríamos em Marte 101 anos mais tarde? Surpreendentemente, a trajetória dos acontecimentos é bastante simples. É possível traçar uma linha do tempo partindo dos primeiros astronautas que pisarão em Marte em 2027 até o antigo oficial alemão da ss na Segunda Guerra Mundial Wernher von Braun. Quando seus modelos, baseados nas invenções de Goddard, começaram a proliferar em Londres, a genialidade de Von Braun para a construção de foguetes tornou-se óbvia. Ele deu a Adolf Hitler armas de terror que chocaram o mundo. No entanto, em 1948, apenas quatro anos depois de o sofisticado foguete V-2 ter sido lançado sobre o mar do Norte, o engenheiro de 36 anos se encontrava em Fort Bliss, no Texas, com um grupo de cientistas alemães especializados na construção de foguetes, todos "prisioneiros da paz".

O grupo do Exército americano que libertou Von Braun e seus engenheiros da Alemanha só permitia que eles saíssem da base com uma escolta; assim, Von Braun e seus homens aproveitavam o tempo para transmitir sua experiência extraordinária aos americanos que tentavam construir mísseis balísticos, mas geralmente não tinham muita atividade. Então, o ex-líder do programa de foguetes mais avançado do mundo decidiu escrever um livro sobre seu assunto favorito – a exploração espacial. A obra, intitulada *Das Marsprojekt*, só foi publicada em 1952, e apenas na Alemanha. Em 1953, a Editora da Universidade de Illinois publicou uma versão em inglês denominada *The Mars Project* [O projeto Marte]. Até hoje, esse breve manuscrito de 91 páginas continua sendo o manual mais importante sobre exploração espacial já escrito. Nunca ficou obsoleto, e muito do seu conteúdo ainda serve de orientação para o transporte de seres humanos para Marte.

A visão que Von Braun descreveu em seu livro era de grande escala – envolvia setenta homens voando em dez espaçonaves, três das quais eram naves de carga que jamais voltariam.

"Já está na hora de derrubar de uma vez por todas o conceito de foguete espacial solitário com um pequeno grupo de arrojados exploradores interplanetários", escreve Von Braun. "Nenhuma garrafa térmica extraorbital solitária conseguiria escapar da gravidade da Terra e flutuar até Marte."

O plano era construir a astronave numa estação espacial na órbita da Terra. O equipamento seria mandado para lá por 46 foguetes de três estágios totalmente reutilizáveis, sendo que os primeiros dois estágios voltariam de paraquedas para terra firme, enquanto o terceiro retornaria para casa com o auxílio de asas. Esse projeto – *criado em 1948*, quando Von Braun fez a maior parte de seus cálculos – previu o ônibus espacial americano, bem como os esforços atuais da Space Exploration Technologies Corporation para fabricar um foguete orbital reutilizável que possa ser reabastecido e relançado em

24 horas. Em 1953, Von Braun estimou que seriam necessários 950 voos de transporte para construir e abastecer as dez espaçonaves.

A versão desse engenheiro alemão para a viagem a Marte exigia o uso das órbitas de transferência de Hohmann – um método de otimização do combustível que possibilita à espaçonave em órbita na Terra ligar brevemente seus propulsores – num processo chamado de queima – para alcançar uma órbita elíptica que vai intersectar a órbita de Marte ao redor do Sol. Assim, a nave pode flutuar sem gastar combustível até chegar bem perto de Marte. Uma vez nas proximidades do seu destino, uma segunda queima servirá para desacelerar e entrar na órbita do planeta vermelho. Esse movimento lembra um pouco o do personagem Tarzan pulando num cipó longo para alcançar uma árvore distante e pegando depois um cipó pequeno para chegar ao galho que deseja. A manobra exige ação no momento exato de alinhamento das órbitas de Marte e da Terra.

Uma boa janela de lançamento para Marte ocorre a cada 25 meses, mas a economia de flutuação das órbitas de transferência de Hohmann tem um preço – cada trecho da viagem leva quase oito meses. A cada quinze anos aproximadamente, as órbitas da Terra e de Marte se alinham, de forma que a distância entre os planetas (e, portanto, o tempo da viagem) diminui consideravelmente. Existem outras teorias mais recentes de como chegar a Marte com menor gasto de combustível, o que implica queimar um monte de combustível para voar até lá em linha reta, num caminho mais curto do que a trajetória curvilínea da órbita de transferência de Hohmann. Sistemas de propulsão não testados e na maioria teóricos, como a fusão nuclear e a propulsão nuclear elétrica, poderiam encurtar a viagem para menos de noventa dias por trecho.

Se a missão proposta por Von Braun tivesse sido ativada, os astronautas seriam obrigados a passar cerca de quatrocentos dias explorando o planeta vermelho até que a Terra retornasse à posição ideal para a viagem de volta em outra órbita de transferência de Hohmann.

O livro *Das Marsprojekt* foi escrito muito antes de os cientistas descobrirem o efeito protetor de radiação do cinturão de Van Allen (que não existe perto de Marte e é composto de partículas altamente carregadas), os efeitos prolongados da ausência de gravidade, a severidade da radiação solar (Von Braun fez cálculos para a radiação cósmica) e os detalhes da geografia do planeta vermelho. Além disso, na época, eles tinham apenas uma estimativa rudimentar da densidade atmosférica de Marte. A obra de Von Braun surgiu uma década antes da data em que um objeto entrou em órbita pela primeira vez no espaço – o *Sputnik*, lançado em 1957. No manual, ele admitia que, embora não tivesse calculado os perigos dos meteoros, se preocupava com os efeitos da ausência de gravidade e planejava amarrar as naves umas às outras e girá-las como ioiôs para produzir um efeito artificial de gravidade.

Quando a sonda *Mariner 4* da Nasa navegou pelas proximidades de Marte, em 1965, revelou dois fatos chocantes: a atmosfera marciana era muito mais rarefeita do que se imaginava – praticamente inexistente –, e a possibilidade de haver vida ali era remotíssima. Von Braun, assim como muitas pessoas na Terra na década de 1960, alimentava a fantasia de que uma espécie alienígena vivesse em Marte, em jardins subterrâneos. Ele até escreveu sobre essa civilização em uma versão novelesca, romântica e sentimental do *Das Marsprojekt*, em 1949. Para chegar à superfície, partindo da órbita de Marte, Von Braun desenhou pequenos planadores espaciais. Embora eles não voassem numa atmosfera tão rarefeita, o cientista tinha previsto tais dificuldades. Providenciou vários planos alternativos e estratégias para o caso de haver falhas em sua missão, e os planadores foram projetados de forma que as asas pudessem ser ejetadas.

Von Braun imaginou ainda que surgiriam problemas psicológicos pelo fato de as pessoas ficarem confinadas em um espaço tão pequeno por meses ou anos. Assim, criou uma nave de transporte para levar suprimentos de uma nave para outra durante a viagem para Marte, bem como para possibilitar que os astronautas trocassem de nave. Cálculos posteriores com base em seus planos permitiam um limite de 12.000 quilos de oxigênio por pessoa, 8.000 quilos de alimentos e 13.000 quilos de água potável por nave de passageiro. Cada nave também seria capaz de reciclar água para reúso, assim como vapor de água no ar.

No apêndice técnico do livro, destaca-se uma estatística sobre o voo espacial – a quantidade incrível de combustível necessária para escapar do forte campo gravitacional da Terra. Cada uma das dez naves da frota de Von Braun pesaria 3.600 toneladas, sendo que pouco mais de 3.000 toneladas seriam só de propelente de foguete. Cada nave voltaria de Marte para a Terra com apenas 1 por cento do seu peso original.

Das Marsprojekt foi um trabalho excepcional de previsão do futuro e pura genialidade de engenharia.

Infelizmente, tanto Von Braun quanto Robert Goddard estavam tão à frente de seu tempo que sofreram bastante com a publicidade negativa, com as críticas e com o abuso de figuras de autoridade que simplesmente não entendiam o que eles falavam. Quando Goddard declarou que um foguete poderia chegar à Lua, a notícia virou primeira página do *New York Times*, mas no editorial o jornal satirizava sua teoria. (Quase cinco décadas mais tarde, um dia depois de a *Apollo 11* ter decolado para a Lua, o *Times* divulgou uma errata.)

No começo da década de 1950, quando Von Braun propôs um plano sério para ir a Marte, sua visão deve ter soado absurda – mesmo para cientistas e engenheiros. Centenas de foguetes seriam enviados para uma órbita baixa da Terra para construir dez espaçonaves interplanetárias gigantes, com uma carga de dezenas de milhares de toneladas de combustível, oxigênio e comida. Estariam falando sério?

Mas isso certamente cativou o público americano. Em 1954, a revista *Collier's* publicou uma série em oito partes sobre uma viagem espacial que incluía uma descrição precisa de Von Braun de como chegaríamos a Marte.

Vários sonhadores pensaram seriamente em viagens interplanetárias antes de Von Braun, mas ninguém nunca tinha feito um projeto com cálculos tão exatos. Sua proposta era completa, mostrando trajetórias, equações, desenhos técnicos e cálculos. Ele chegou até a pensar em uma data para o lançamento, que seria em 1965. Sua abordagem pragmática era impressionante – a única diferença entre imaginar uma viagem para Marte e ir de fato era o compromisso.

Para compreender a importância de *Das Marsprojekt*, podemos refletir sobre o romance de ficção *Contato*, de Carl Sagan, de 1985. Nesse livro de fantasia, uma cultura desconhecida, em algum momento do espaço-tempo, decide enviar um manual ao ser humano, descrevendo em detalhes como construir uma espaçonave para chegar ao seu mundo alienígena. Para a maior parte dos terráqueos do início da década de 1950, Von Braun seria essa cultura alienígena, presenteando-nos com um manual técnico para a exploração do universo. A diferença é que *Das Marsprojekt* não era fantasia.

No fim da década de 1960, Von Braun era amplamente reverenciado pela criação do foguete Saturno V – o foguete que levou os astronautas da *Apollo* para a Lua. À medida que sua reputação crescia, Von Braun começou a bradar pelos corredores da Nasa e do Congresso, insistindo que os Estados Unidos deveriam mirar no planeta vermelho como o próximo alvo. Dessa vez ele sugeria o envio de duas espaçonaves movidas a energia nuclear. E alardeava que uma missão como essa poderia ser realizada ainda na década de 1980.

Ao contrário das propostas que Von Braun havia feito anteriormente, essa chegou à mesa do presidente Richard Nixon. Tinha de existir um plano sobre o que fazer depois do programa *Apollo*. Mas a ideia de Von Braun de viajar para Marte perdeu para o projeto do ônibus espacial – em parte porque as agências militares e de inteligência imaginaram que ele seria bastante útil para lançar e reparar satélites espiões. Embora todas as atividades da Nasa sejam supostamente transparentes para o público, entre o período de 1982 e 1992 a agência lançou onze missões secretas do ônibus espacial. Muitos detalhes desse projeto foram definidos conforme os requisitos das agências militares e de inteligência. Nixon também decidiu desativar o foguete Saturno V de Von Braun, a maior e melhor nave já concebida para cargas pesadas. Sem ela, todo o conceito de viagem interplanetária estaria fadado ao fracasso. Se os Estados Unidos tivessem escolhido a viagem para Marte em vez do ônibus espacial, provavelmente hoje já teríamos uma base permanente lá. Ao perceber que a Nasa estava indo na direção contrária, Von Braun se aposentou da agência em 1972.

E 62 anos depois da primeira publicação de *Das Marsprojekt*, tudo o que temos de Marte é uma série de fotos tiradas por um robô, espécie de sonda do tamanho de um carro, chamado *Curiosity*, que está explorando a superfície do planeta desde o seu pouso, em 2012. Se a Nasa e o presidente Nixon tivessem levado as ideias de Von Braun mais a sério, o *Curiosity* poderia estar explorando Marte conduzido por astronautas.

O lançamento do ônibus espacial fez com que o programa espacial dos Estados Unidos entrasse em lento e longo processo de declínio, deixando a agência, e quem sabe até o povo americano, num vazio de paixões e de sonhos. A inspiração de alcançar as estrelas foi substituída por caminhadas no espaço que ninguém se interessava em ver. A Nasa se concentrou em um projeto retrógrado de foguete espacial que contribuiu muito pouco para o avanço da exploração do espaço, caindo e se acidentando várias vezes, além de não dispor de um local para atracar até que fosse construída uma estação espacial. Sua última e precária justificativa foi que esse era um meio de levar astronautas e carga para a Estação Espacial Internacional, que por si só já é bem ultrapassada em matéria de tecnologia.

Sir Martin Rees, o admirado astrônomo real da Grã--Bretanha, tem poucas coisas favoráveis a dizer sobre a Estação Espacial Internacional: "A opinião geral é que a ciência praticada na Estação Espacial não justifica nem uma pequena fração do seu custo total. Seu [objetivo] principal era manter ativa a exploração espacial tripulada e descobrir como os seres humanos podem viver e trabalhar no espaço. Mesmo assim, a evolução mais positiva nessa área foi o surgimento de empresas privadas capazes de desenvolver tecnologia e foguetes a preços mais vantajosos que os da Nasa e de seus empreiteiros tradicionais".

Os anos de bonança da Nasa – e o fato de ela permitir que as empreiteiras trabalhassem com um custo superfaturado – criaram uma enorme lacuna para ser explorada pelos bons empresários. As 135 missões do ônibus espacial acabaram custando em média mais de 1 bilhão de dólares cada uma. Alguém teria de conseguir fazer o mesmo que a Nasa de forma mais rápida, eficiente e econômica. Esses competidores chegaram. E estão tornando real a fantasia de ir para Marte.

2 A grande corrida espacial privada

Chegar ao espaço sempre pareceu uma empreitada para governos, que conseguem pagar seus custos elevados. Os negócios espaciais da Boeing e da Lockheed Martin, por exemplo, só aconteceram porque a Nasa e o Exército americano estavam dispostos a investir em contratos superfaturados. Então, cerca de trinta anos atrás, três homens que se conheceram na Harvard Business School decidiram ganhar dinheiro construindo foguetes e lançando satélites. A *start-up* que eles criaram, a Orbital Sciences Corporation, inventou um foguete exclusivo de três estágios com uma asa e conseguiu adaptá-lo embaixo da asa de um grande jato de passageiros. O foguete foi chamado de Pegasus. O avião a jato levava o foguete até uma altitude de 40.000 pés, proporcionando um impulso econômico para entrar em órbita. Desde então, o Pegasus fez 42 voos, conseguindo um incrível recorde de sucesso, com apenas três falhas totais. A Orbital Sciences conquistou um grande filão, projetando e construindo foguetes e satélites. Já fabricou e lançou centenas de satélites e sondas para empresas de telecomunicação, para governos e até mesmo para a Nasa, alguns utilizando mísseis balísticos intercontinentais. Recentemente, graças aos contratos, conselhos e ao incentivo da Nasa, a Orbital Sciences construiu um novo foguete chamado

Antares e uma espaçonave denominada *Cygnus*, que conseguiu levar suprimentos com sucesso para a Estação Espacial Internacional a um custo bem menor do que se tivesse usado o ônibus espacial. A empresa está dando lucro, já fez uma fusão com outra construtora de espaçonaves e está registrada na Bolsa de Nova York com o nome de Orbital ATK.

Quando a Orbital Sciences estava iniciando o negócio, um engenheiro aeroespacial que trabalhava na Martin Marietta Materials, chamado Robert Zubrin, ficou preocupado com o fato de não estarmos nos empenhando para ir a Marte. Ele pensou longamente sobre a possibilidade de tornar Marte habitável, e seus cálculos adicionaram um nível de sofisticação à polêmica. Como Von Braun, ele afirmou que tudo de que precisávamos já estava à mão. Sua proposta – cujo nome era Mars Direct [Direto para Marte] – apresentava planos para uma missão tripulada simples e econômica para Marte. A Nasa gostou, mas, como estava demorando a agir, Zubrin escreveu um livro chamado *The Case for Mars* [O caso de Marte] e em 1998 criou a Mars Society para ajudar a promover sua ideia.

Mais recentemente, os holandeses Bas Lansdorp e Arno Wielders formaram a Mars One, uma organização sem fins lucrativos, para enviar expedições só de ida para o planeta vermelho, que, segundo as previsões, deverão pousar em território marciano em 2025 (depois do envio de uma nave de carga, hábitats e veículos terrestres). A ideia é custear a empreitada com a venda de direitos de mídia. Porém, o grupo não dispõe de foguete nem de nave para levá-los até lá. Além disso, só recentemente assinou um contrato com a Lockheed Martin para estudar a viabilidade de criar essas naves.

E depois temos Dennis Tito, o primeiro civil a comprar uma passagem para o espaço, que teria pagado aos russos a suposta quantia de 20 milhões de dólares. Sua organização sem fins lucrativos, a Inspiration Mars, tem planos otimistas de enviar uma pequena nave – talvez a espaçonave *Crew Dragon*, que está sendo desenvolvida pela SpaceX para voos tripulados com destino à Estação Espacial Internacional – para Marte, com um casal a bordo, em 2021. Como a missão é apenas um sobrevoo, os dois tripulantes ficarão presos numa cápsula minúscula por quase um ano e meio – e é justamente por isso que a Inspiration Mars optou por mandar marido e mulher. Para superar a solidão e a privação, explica Tito, "você precisa de alguém que possa abraçar".

A Inspiration Mars planeja um lançamento para 2018, pois um alinhamento entre as órbitas de Marte e da Terra, que ocorre uma vez a cada quinze anos, permite uma viagem de ida e volta em 501 dias usando uma única queima para a correção de trajetória. O restante do percurso incluiria navegar até Marte, projetar-se ao redor do planeta e navegar de volta para a Terra. Não existe um foguete capaz de realizar essa façanha (o Space Launch System da Nasa, que fica pronto em 2018, poderia lançar uma espaçonave da Terra para Marte, mas é pouco provável que seja cedido para esse empreendimento). Tito explica que o plano alternativo é lançar uma nave em 2021, impulsioná-la ao redor de Vênus e catapultá-la em uma trajetória para sobrevoar Marte.

Jeff Bezos, diretor executivo da Amazon, Larry Page, cofundador do Google, Paul Allen, cofundador da Microsoft, e Sir Richard Branson, empresário de vários segmentos, também estão investindo milhões para entrar a qualquer custo na nova corrida espacial privada. A maioria dos esforços realizados até agora é tão caótica como os do Velho Oeste, mas dessa vez a fronteira é o espaço. E, embora existam inúmeros projetos privados para mandar pessoas a Marte, somente uma empresa pode fazer hoje uma promessa realista de enviar seres humanos ao planeta vermelho antes que a Nasa finalmente consiga realizar esse objetivo.

• • •

Da mesma forma que conseguimos traçar uma linha de Wernher von Braun até a *Apollo 11*, quando uma espaçonave com astronautas pousar em Marte, em 2027, talvez possamos traçar uma linha até Elon Musk – pois o módulo que vai realizar o pouso certamente terá o logotipo da SpaceX.

Musk é talvez o empresário mais visionário do nosso tempo. Sete anos depois de abandonar um curso de doutorado em física aplicada na Universidade Stanford, ele vendeu sua parte da PayPal e da Zip2, empresas das quais foi cofundador, o que lhe rendeu um capital estimado em 342 milhões de dólares. Musk aplicou o dinheiro na Space Exploration Technologies Corporation (SpaceX), companhia que fundou em 2002. Em seguida, criou a Tesla Motors, que já está revolucionando o mundo automotivo. Ele é um ambientalista devoto e defensor da energia solar – seus automóveis Tesla são literalmente movidos a luz solar. Em 2013, propôs um sistema de transporte de alta velocidade em um tubo de vácuo chamado Hyperloop, que registrou em domínio público. Um tubo Hyperloop entre Los Angeles e São Francisco poderia reduzir o tempo de viagem para meia hora.

Musk criou a SpaceX justamente quando a Nasa parecia estar se tornando irrelevante. Como Von Braun, ele foi transferido, nesse caso da África do Sul para o Canadá. Como Von Braun, é um perfeccionista convicto de seu sonho e pretende realizá-lo. E, assim como ocorreu com Von Braun, ninguém parece entender a seriedade de Musk quando ele diz que precisamos ir para Marte. Contra todos os conselhos e adversidades, ele conseguiu fazer o impossível: levantar capital suficiente para financiar a Space Exploration Technologies e mantê-la operante e próspera, apesar de seus três primeiros foguetes terem explodido. Ao longo do caminho, ele levantou uma questão importante: quem precisa da Nasa para chegar a Marte?

Existe apenas um motivo para Musk ter criado sua empresa privada de foguetes: "A SpaceX foi idealizada para acelerar o desenvolvimento da tecnologia de foguetes, visando estabelecer uma base permanente e autossustentável em Marte", disse ele em maio de 2014. Se atentarmos novamente para o nome da empresa de Musk – Space Exploration Technologies –, veremos que há nele a palavra Exploration [exploração]. Da mesma forma que Von Braun, Musk acredita piamente que os seres humanos devem se tornar exploradores do espaço. Ele tem inteira consciência de que a Terra não será habitável para sempre. Parece frustrado com o que estamos fazendo com nosso hábitat e tem cada vez mais certeza de uma coisa: se não formos para outro planeta, seremos extintos.

Elon Musk surgiu na hora certa como especialista em foguetes. A tecnologia tinha avançado muito pouco entre 1969, quando Neil Armstrong pisou pela primeira vez na Lua, e 2002, quando Musk criou a SpaceX. Na verdade, de acordo com Musk, a tecnologia de viagem espacial não só não avançou como "regrediu". Ele afirma: "Antes podíamos ir para a Lua, e agora não podemos mais. Isso não indica nenhum progresso. Nesse momento, os Estados Unidos nem sequer conseguem mandar alguém para o espaço".

Em 1966, o orçamento da Nasa representava mais de 4 por cento do orçamento federal. Hoje em dia, não passa de 0,5 por cento. Desde que Musk surgiu no cenário espacial, em pouco mais de uma década estamos nos movendo na velocidade da luz rumo ao objetivo de criar as soluções técnicas necessárias para levar seres humanos ao planeta vermelho e manter colonizadores ali por milênios. Ninguém consegue apontar o momento exato em que a Nasa finalmente acordou e sentiu o cheiro da poeira vermelha, mas quando a primeira cápsula *Dragon* da SpaceX chegou à Estação Espacial Internacional pela primeira vez, em maio de 2012, ficou óbvio que uma empresa privada conseguiria fazer tudo o que a Nasa fazia – e talvez até melhor.

3 Foguetes são traiçoeiros

Pouco tempo atrás, depois que um de seus foguetes explodiu logo após ser lançado, Elon Musk publicou uma frase irônica no Twitter: "Foguetes são traiçoeiros". E ele tem razão: quase dois terços das tentativas de enviar sondas para Marte falharam.

Alguém poderia perguntar por que o homem vem tendo tantos problemas para chegar a Marte, uma vez que quase cinquenta anos atrás pareceu relativamente fácil pousar na Lua. Em grande parte, é uma questão de distâncias. A mudança de escala é fenomenal. A Lua orbita a uma distância entre 360.000 e 400.000 quilômetros da Terra, dependendo do ciclo lunar. Marte pode estar até mil vezes mais longe. Em 2003, Marte e a Terra se encontravam na posição mais próxima em que já estiveram nos últimos 60.000 anos – somente 54 milhões de quilômetros de distância. Mas, como a órbita da Terra dura 365 dias e a de Marte, 687 dias terrestres, os dois planetas podem sair de sincronia e ficar muito afastados, cada um de um lado diferente do Sol. Quando eles estão longe, ficam *realmente* longe – cerca de 400 milhões de quilômetros um do outro. Sendo assim, a distância de Marte varia entre 140 e mil vezes a distância da Lua.

Em outras palavras, os seres humanos podem fazer uma viagem de ida e volta para a Lua em sessenta dias (poderíamos chegar lá em um dia com o empuxo que o foguete Saturno V oferece, mas estaríamos indo tão rápido que simplesmente passaríamos reto em vez de ser capturados pelo fraco campo gravitacional da Lua). Usando as órbitas de transferência de Hohmann, sugeridas por Von Braun em *Das Marsprojekt*, mesmo se fôssemos a uma velocidade muito mais rápida do que a utilizada pelos astronautas da *Apollo* para ir à Lua, ainda teríamos de percorrer uma distância quase mil vezes maior para chegar a Marte. Isso porque simplesmente não conseguimos carregar combustível suficiente para queimar em linha reta. Sem uma fonte barata de energia ilimitada, sempre precisaremos estar em órbita ao redor de *alguma coisa* nesse sistema solar, então todas as nossas trajetórias serão curvas. Não existe nenhum atalho previsível nos próximos vinte anos que possa nos levar até lá em menos de 250 dias para cada trecho. No entanto, a SpaceX está produzindo foguetes cada vez mais potentes e eficazes para encurtar a viagem significativamente.

Mesmo as primeiras missões para Marte, com objetivos mais simples – visavam apenas sobrevoar o planeta –, geralmente acabavam em desastre. As missões bem mais complicadas para orbitar e especialmente para pousar no planeta pareciam zombar do nosso conhecimento de tecnologia espacial.

Os soviéticos tiveram muitos problemas com as calamidades marcianas iniciais. O primeiro objeto terrestre a atingir a superfície de Marte foi um módulo soviético da missão *Marte 2*, que colidiu durante o pouso em novembro de 1971. Depois foi a vez do projeto *Kosmos 419*, que nem chegou a sair da órbita da Terra, muito menos seguir para

Marte. No mês seguinte, a *Marte 3* conseguiu fazer um pouso, mas vinte segundos depois parou de emitir sinais. O sistema de orientação da *Marte 4* falhou, e o módulo ficou zumbindo perdido além do planeta. A *Marte 5* foi a sonda soviética mais bem-sucedida. Ela entrou em uma órbita elíptica estável em fevereiro de 1974, produziu cerca de sessenta fotos durante as 22 órbitas e então quebrou. A *Marte 6* pousou no planeta em março de 1974 e lançou um módulo de pouso que colidiu na superfície. Essa missão transmitiu dados atmosféricos por cerca de quatro minutos antes de silenciar, mas quase todos os dados eram incompreensíveis devido a uma falha no *chip* do computador. A *Marte 7* também chegou a orbitar Marte em março de 1974, mas, como lançou o módulo de pouso quatro horas antes do horário estipulado, errou completamente o planeta. Houve outras missões soviéticas anteriores que falharam, bem como missões que falharam mais tarde. Em 1996, a Agência Espacial Russa lançou um módulo orbital e de pouso chamado *Marte 96* que não conseguiu escapar da gravidade terrestre e se espatifou no oceano Pacífico. Desde então os russos parecem menos interessados em desafiar a onda de mau agouro.

Uma das dificuldades para pousar uma sonda em Marte é que a comunicação leva muito tempo para chegar da Terra. Quando a distância entre Marte e a Terra é a maior possível, uma onda de rádio leva 21 minutos para alcançar Marte e outros 21 minutos para que um sinal de retorno atinja a Terra. Portanto, as espaçonaves não tripuladas precisam de um sistema de inteligência artificial para tomar decisões em emergências, pois não há tempo suficiente para pedir ajuda.

Mas todo o histórico ruim das primeiras missões para Marte foi esquecido depois que a Nasa realizou dois grandes pousos bem-sucedidos em Marte com as sondas robóticas *Spirit* e *Opportunity*. Mais recentemente, o sucesso do robô *Curiosity* tornou-se o centro das atenções. O *Opportunity* ainda está explorando Marte ativamente há mais de uma década. O robô *Curiosity* completou um ano marciano (pouco menos de dois anos terrestres) de exploração em 2014 e agora começa a executar sua missão mais ampla. Apesar disso, a distância coberta por essas sondas-robôs não é tão impressionante. O *Opportunity* se deslocou por pouco mais de 40 quilômetros desde 2004, e o *Curiosity* cobriu pouco mais de 9 quilômetros em quase três anos.

Mesmo com as falhas do passado, o sucesso da Nasa com o *Curiosity* prova que cargas relativamente pesadas podem ser enviadas para a superfície de Marte, tornando mais realistas não apenas os voos tripulados, mas também a ideia de voos de carga e suprimentos. Mudar a equação para trocar cargas grandes, como o robô *Curiosity*, por seres humanos é apenas uma questão de aumento de escala, frequência de lançamento de cargas e oxigênio. A SpaceX está aperfeiçoando uma de suas espaçonaves *Dragon*, com capacidade para transportar sete astronautas, com o objetivo de voar até a Estação Espacial Internacional em 2016, embora Musk tenha dito recentemente que "2017 é uma data mais realista para tentarmos enviar seres humanos ao espaço pela primeira vez". Ele brincou que um astronauta escondido na *Dragon* atual que reabasteceu a Estação Espacial Internacional teria sobrevivido à viagem porque parte da nave é pressurizada; mas ela foi concebida desde o princípio para levar astronautas em vez de carga.

Atualmente, a espaçonave russa *Soyuz* é o único veículo que consegue levar astronautas para a estação espacial e trazê-los de volta, na ausência do ônibus espacial. É uma nave de 1966 e, juntamente com o foguete Soyuz que a leva para o espaço, mostrou ser o veículo espacial mais confiável da história. Ficou famosa por causa do filme *Gravidade*, em que uma nave *Soyuz* ficava anexada à Estação Espacial Internacional o tempo todo para ser usada em emergências como veículo de escape. Os russos cobram mais de 50 milhões de dólares para transportar um astronauta até a estação espacial. A SpaceX quer ocupar esse nicho de negócio.

No fim de 2014, a Nasa lançou sua nova espaçonave, *Orion*, em um foguete Delta IV para uma órbita de aproximadamente 5.800 quilômetros ao redor da Terra. A *Orion* foi concebida para transportar até seis astronautas em missões para a Estação Espacial Internacional e quatro astronautas para a Lua e além dela. Em 2018 deve ser disponibilizado um foguete mais poderoso, desenhado especialmente para a *Orion*. A espaçonave se parece muito com a cápsula da *Apollo* e tudo indica que não passa de uma segunda geração do veículo para pouso na Lua. Elon Musk afirma que, pelo que ele conhece da engenharia da *Orion*, ela não é nada mais que uma versão ampliada da *Apollo*. Os especialistas a defendem dizendo que, graças ao uso de *designs* testados e aprovados, os riscos diminuem.

A *Orion* foi projetada para explorar a Lua e se encontrar com um asteroide por volta de 2020. Até pouco tempo atrás, a Nasa se mostrava extremamente cautelosa quanto aos seus planos de enviar uma missão tripulada para Marte. Somente agora atesta vagamente que o uso primordial da *Orion* deve ser esse, mas ainda não se comprometeu com um cronograma preciso, dizendo apenas que será por volta de 2030. A Nasa sempre defendeu a ideia de que precisamos primeiro montar uma base na Lua para nos aperfeiçoar antes de tentar fazer a mesma coisa em Marte. No ritmo em que a *Orion* vem sendo produzida, Musk (e quem sabe outras empresas privadas do ramo) talvez consiga chegar a Marte muito antes da Nasa.

Não obstante, com o desenvolvimento de duas espaçonaves diferentes que podem levar seres humanos para Marte – as cápsulas *Dragon* da SpaceX e a *Orion* da Nasa –, houve uma mudança na questão que pairava desde que o livro *Das Marsprojekt* foi escrito: podemos chegar a Marte? A resposta é sim. A nova pergunta é: poderemos viver em Marte? A resposta também é sim; porém, como diria Elon Musk, será difícil.

4 Questões importantes

Ainda hoje – a menos de duas décadas de pousarmos em Marte – há muita gente cética. As pessoas do ramo espacial costumam dizer que primeiro devíamos montar uma base na Lua para treinar. Ou então que as dificuldades para tornar Marte um planeta habitável para os seres humanos são grandes demais para serem superadas.
A verdade é que a perspectiva de pousar em Marte envolve uma série de desafios.

Então, vamos fazer uma breve pausa para analisar algumas das questões mais comuns que envolvem essa empreitada.

> **Será que um pequeno grupo de pessoas viajando juntas por nove meses num espaço extremamente apertado e sob um estresse significativo conseguiria sobreviver sem se matar?** Vou argumentar com outra pergunta: a experiência de vida em submarinos elétricos ou a diesel durante a Segunda Guerra Mundial não responderia a essa questão? Além disso, o conhecimento da psicologia humana está tão avançado que a escolha das pessoas certas para uma missão espacial a Marte não é mais um desafio. Temos muita prática em identificar as pessoas adequadas para se tornarem pilotos comerciais, membros de tropas de

elite e outros profissionais que ocupam posições críticas em que o estresse, o julgamento e a inteligência andam juntos. Angelo Vermeulen, pesquisador de sistemas espaciais que comandou um grupo de astronautas durante uma simulação de quatro meses vivendo em "Marte", sem sair da Terra, numa ilha do Havaí, afirma: "Tudo se resume à escolha da tripulação. É preciso combinar competência e compatibilidade psicológica. Para saber se haverá problemas, basta reunir as pessoas por uma semana e oferecer a elas uma tarefa desafiadora. Se surgir algum conflito, você logo perceberá. Ninguém pode garantir que não ocorrerão problemas durante um longo período de tempo. Mas é importante começar com uma tripulação que goste claramente de trabalhar em conjunto e seja resiliente".

Será que alguém está realmente disposto a pagar o custo - estimado em 5 bilhões de dólares para pousar em Marte e mais 30 bilhões para construir uma pequena base? Elon Musk respondeu a esta pergunta juntando dinheiro a suas palavras. Ele declarou que a SpaceX só abrirá capital quando seu foguete para Marte estiver voando. Ele será bem maior do que o foguete de última geração da SpaceX, o Falcon Heavy, programado para voar em 2016, com 27 motores e um empuxo do primeiro estágio três vezes maior que o do foguete atual da SpaceX, o Falcon 9.

Em outras palavras, ele não sujeitará sua empresa à influência dos acionistas ávidos por lucro até ter certeza de que pode ir para Marte. "A primeira missão será bem cara", admitiu, mas ele espera que as missões futuras sejam financiadas principalmente pelas pessoas que estarão indo. Como disse Von Braun, uma viagem para Marte não custa mais do que "uma fração minúscula do orçamento anual da Defesa americana".

A missão poderia ser planejada com fatores de segurança suficientes para garantir um sucesso de 95 por cento? Pergunte a James Cameron, cineasta e explorador dos fundos oceânicos, que recentemente quebrou o recorde de tempo de navegação tripulada em submarino na fossa das Marianas. Ele salienta que, se os projetistas de maquinaria de risco conseguirem enfrentar todos os problemas óbvios e conhecidos, provavelmente também poderão superar as dificuldades inevitáveis e inesperadas.

O corpo dos astronautas pode ser danificado se eles permanecerem por muito tempo em um ambiente de gravidade zero? Esse ainda é um desafio considerável, mas a sugestão de Von Braun de amarrar várias aeronaves juntas e fazê-las girar para criar uma gravidade artificial talvez fosse viável numa viagem a Marte. Poderia ser utilizada uma nave projetada em forma de uma roda que girasse e produzisse gravidade artificial. Mas é bom lembrar que o trajeto para Marte é apenas dois meses mais longo que o espaço de tempo normal que um astronauta passa na Estação Espacial Internacional. Durante 2015 e 2016, o capitão Scott Kelly, dos Estados Unidos, e o cosmonauta russo Mikhail Kornienko passarão um ano inteiro a bordo da Estação Espacial Internacional, e nessa missão aprenderão mais sobre os efeitos da gravidade zero no corpo humano a longo prazo. *Grosso modo*, a gravidade de Marte é aproximadamente três vezes menor que a da Terra, mas os cientistas acreditam que seria suficiente para os seres humanos sobreviverem. Além disso, pesquisas recentes indicam que muitas espécies conseguiriam evoluir em novos ambientes muito mais rápido do que se pode imaginar. Uma comunidade marciana pode se adaptar à baixa gravidade dentro de poucas dezenas de gerações.

E se os astronautas ficarem doentes? Os exploradores que escalam montanhas e navegam ao redor do mundo aprenderam há muito tempo que é sempre bom levar consigo alguém especializado em medicina de emergência. Mas os marinheiros de longas distâncias que circum-navegam a Terra sozinhos mostraram que a maioria dos problemas pode ser resolvida com treinamento adequado e um bom *kit* de primeiros socorros. No entanto, uma viagem espacial não é como a navegação marítima, e alguns exploradores podem realmente ficar doentes e até morrer.

E quanto à radiação? Esse ainda é um problema sério. A pior radiação solar vem das erupções solares e das correspondentes ejeções de massa coronal de radiação do Sol. Não dispomos de tecnologia capaz de eliminar as radiações solar e cósmica, mas podemos projetar espaços de emergência nos veículos interplanetários que sejam especialmente protegidos de fenômenos como erupções solares. E depois dos alertas haverá tempo suficiente para chegar a um hábitat de proteção até que a explosão tenha passado. Elon Musk sugeriu a criação de uma nave espacial coberta por uma camada de água. Existem outras estratégias para desviar ou absorver a radiação, mas, inevitavelmente, os astronautas que vão para Marte serão submetidos a doses de radiação muito maiores que os limites permitidos na Terra. Os oficiais da Nasa estudam a possibilidade de aumentar os limites de radiação que os astronautas estão acostumados a enfrentar como um meio de mandá-los para Marte com instruções operacionais. Uma vez em Marte, onde a atmosfera é rarefeita e não há magnetosfera ou cinturão de Van Allen para bloquear a radiação, as pessoas terão de passar a maior parte do tempo em ambientes blindados ou subterrâneos.

Assim que a espaçonave estiver realmente pronta para pousar em Marte, outras questões importantes surgirão e novas respostas terão de ser encontradas.

5 A economia de Marte

Se não conseguirmos chegar a Marte de maneira econômica, dificilmente será possível alguém morar lá. É importante destacar que Elon Musk acredita que a viabilidade de fixar uma comunidade humana em Marte depende muito mais do custo financeiro que das diversas questões ambientais, como a falta de ar para respirar, a presença de radiação nociva e o fato de ainda não sabermos quando teremos acesso à água.

No fim de 2012, Musk deu uma palestra na Royal Aeronautical Society, em Londres, a respeito da tecnologia de foguetes, na qual enfatizou especificamente como a reutilização de foguetes, proposta por Von Braun em 1952, tinha mudado de forma radical a economia das viagens espaciais, sendo um fator determinante para que os seres humanos vivam em Marte.

Considerando que o custo de lançar um foguete Falcon 9 gira em torno de 60 milhões de dólares e que apenas 0,3 por cento desse valor corresponde ao combustível utilizado na viagem, Musk afirma: "Então, se conseguíssemos usar mil vezes o mesmo foguete Falcon 9, o custo de capital cairia de 60 milhões para 60.000 dólares por voo. Obviamente, existe uma diferença enorme". Um foguete Falcon 9 não tem tamanho suficiente para transportar sequer um tripulante até Marte, mas Musk se referia à incrível economia representada por foguetes reutilizáveis, fator que seria multiplicado várias vezes em se tratando dos foguetes gigantescos necessários para estabelecer uma civilização autossustentável em Marte.

Se não conseguirmos reutilizar os foguetes, diz Musk, "não creio que tenhamos como bancar as despesas: seria uma diferença entre gastar 0,5 por cento do PIB anual e gastar todo o PIB". E acrescentou: "Qualquer um concordaria, mesmo que não pretenda fazer a viagem, que, se gastarmos algo em torno de 0,25 a 0,5 por cento do PIB para estabelecer uma comunidade autossustentável em outro planeta, [isso] provavelmente valerá a pena. É como se fosse um seguro de vida para a humanidade, coletivamente, e o valor da anuidade parece razoável. Além do mais, seria uma aventura interessante de observar, mesmo para quem não estiver participando dela, assim como foi a viagem para a Lua, na qual só alguns poucos embarcaram, mas, no sentido figurado, toda a população estava junto. Não há dúvida de que foi um grande acontecimento. Se quisermos enumerar as coisas boas que ocorreram no século XX, a conquista da Lua certamente estará bem no topo da lista. Então, acho que esse novo projeto tem valor, mesmo para quem não for pessoalmente".

Ao responder a questões no fim da palestra, Musk falava como se fosse o diretor executivo de uma empresa bem-sucedida de aviação comercial, e não de uma empresa de foguetes em estágio de desenvolvimento. Ele estimou que, se uma quantidade suficiente de pessoas quisesse fazer a viagem e o custo fosse razoável, a SpaceX poderia arrecadar dinheiro vendendo passagens só de ida por 500.000 dólares cada uma. Mais recentemente, ele afirmou: "Espero que as passagens custem menos de 500.000 dólares cada uma, mas vai ser algo em torno desse valor".

Musk imagina que o emigrante típico com destino a Marte seria alguém com cerca de 40 anos que possui uma casa de classe média no valor de 500.000 dólares. Talvez ele odeie seu emprego e decida vender tudo e comprar uma passagem só de ida para Marte pela SpaceX, guardando algum dinheiro para financiar um pequeno negócio.

Durante a entrevista em Londres, Musk declarou, em resposta a uma pergunta: "O estabelecimento de uma base em Marte com certeza vai ter um custo considerável. Basicamente, é preciso atender às necessidades fundamentais. Chamamos isso de custo de ativação de uma base em Marte. Foi assim que aconteceu durante a colonização inglesa. Cada colônia dependia de um custo inicial para funcionar. Ninguém gostaria de morar em Jamestown no começo. Não era nada agradável. Antes de qualquer economia se tornar ativa, houve um esforço enorme para estabelecer o básico. Portanto, existe esse investimento inicial, e precisaremos de dinheiro para realizar isso. Porém, assim que houver voos regulares, conseguiremos reduzir os custos da passagem individual para Marte para 500.000 dólares. Então, acho que haveria pessoas interessadas – dispostas a vender tudo na Terra e se mudar para Marte – e fazer disso um plano de negócios. Não são necessários tantos indivíduos – temos 7 bilhões de habitantes na Terra hoje, talvez cheguemos a 8 bilhões até o fim do século –, e o mundo como um todo está ficando mais rico. Assim, se apenas uma em cada

10.000 pessoas decidir viajar, será suficiente; ou até uma em cada 100.000".

Embora a estimativa de Musk apresente um número pessimista – que uma a cada 100.000 pessoas decida ser pioneira –, isso representa uma colônia com uma população de 80.000 habitantes, quase o tamanho de uma cidadezinha na Terra. No entanto, mesmo que esses dados soem altamente otimistas, Musk afirmou, respondendo a outra pergunta da plateia: "Toda previsão é sempre arriscada. Se você perguntasse a um homem, no início da era da aviação comercial, qual seria sua previsão de mercado, com certeza ele erraria totalmente. Talvez para menos. Mesmo os mais otimistas nos primórdios da aviação comercial pareceriam pessimistas hoje".

Na verdade, Musk está imaginando bem mais do que essa população em uma cidade de Marte. Ele visualiza 80.000 pessoas embarcando em uma única viagem. "Não estamos projetando um sistema para mandar algumas pessoas", disse Musk em uma entrevista que concedeu a mim: "Estamos criando um sistema de transporte colonial para Marte – algo que, quando colocado em operação, será capaz de estabelecer uma colônia autossustentável no planeta. Será um sistema de grande importância. Planejamos finalizar sua primeira versão antes de 2030. De 2030 a 2050 haverá dez eventos de sincronização orbital, o que significa que ao longo de vinte anos teremos de 40.000 a 50.000 pessoas lá".

Musk explica que o tipo de nave proposto por ele, chamado Mars Colonizer, terá um foguete de apenas dois estágios: "Temos um estágio de lançamento, usado somente para sair da gravidade da Terra, e temos a espaçonave, que será integrada ao estágio superior. No Falcon 9, o estágio superior e a espaçonave são separados, mas na Mars Colonizer eles serão integrados. O estágio de lançamento conseguirá levar o foguete até metade do caminho para a órbita da Terra; então o estágio superior fará o restante da jornada. Haverá uma nave tanque [na órbita da Terra] que reporá o propelente".

Musk estima que uma grande quantidade de naves do tipo Mars Colonizer se agrupará na órbita da Terra. Ele as chama de "frota". "Para estabelecer uma colônia", diz, "é preciso mandar várias naves de uma vez. Existe um ponto ótimo de envio a cada dois anos; portanto, a frota inteira terá de partir num intervalo de um ou dois dias."

A primeira viagem envolverá somente uma ou duas naves, explica Musk. "No fim teremos centenas ou milhares de naves. Se você quer construir uma colônia com milhões de pessoas, deve fazer algo dessa magnitude. Estou considerando que cerca de 80.000 pessoas viajem a cada dois anos."

Para Musk, o paralelismo entre a conquista de Marte e a colonização britânica do Novo Mundo é impressionante. "É como a América", disse Musk. "Quantos navios ingleses foram para a América na primeira vez? Um. Mas, duzentos anos depois, quantos navios iam da Inglaterra para a América? Milhares. O que ocorrerá será parecido. Havia esperança no Novo Mundo. Poderia ter sido Marte."

Musk acredita que, no fim, milhões de pessoas vão desejar ir para Marte, e a quantidade de interessados em projetos como o Mars One indica que talvez ele tenha razão. Mas também não quer agir como o flautista de Hamelin. "O importante não é o que eu quero fazer, mas o que as *pessoas* querem fazer", disse Musk. "Não sei o que elas vão querer fazer ou como estará o mundo ou a SpaceX quando chegarmos lá." Mas então ele acrescentou que "o sistema que estamos projetando tem condições" de transportar pessoas para Marte, se elas quiserem ir. "Acredito, de forma otimista, que em 2050 haverá dezenas de milhares de pessoas partindo a cada alinhamento orbital", completou.

Mas vamos retroceder um pouco. Antes de esses pioneiros decolarem para Marte, alguém terá de ser o *primeiro* explorador.

De acordo com várias outras missões a Marte (não planejadas por Musk), antes que alguém consiga pousar com a expectativa de permanecer lá por um tempo, duas coisas são necessárias: encontrar um local para pousar e viver e dispor de um bom estoque de provisões enviado da Terra com antecedência. Em um cenário ideal, as missões de suprimentos que chegarão antes das missões tripuladas seriam capazes de erguer e manter hábitats roboticamente.

A missão Mars One propôs um sistema para isso, usando uma sonda espacial para construir um hábitat com as partes transportadas por missões de carga antes da chegada dos astronautas. Há inúmeras dificuldades técnicas para pousar as naves de carga, fazer com que sejam conectadas por dispositivos mecânicos ou robóticos, depois mover a carga e reconfigurar as cápsulas e os dispositivos infláveis. Mas isso não é impossível. Entretanto, dar conta de tudo antes de 2025, como a Mars One sugeriu, é no mínimo improvável.

Ao que tudo indica, a Mars One está contando com as cápsulas *Crew Dragon* da SpaceX, projetadas para enviar astronautas para a estação espacial em 2017. A missão também parece depender do foguete Falcon Heavy da SpaceX. Em desenvolvimento há vários anos, o Falcon Heavy é um veículo combinado que deriva bastante do projeto do foguete padrão da SpaceX, o Falcon 9, porém tem dois primeiros estágios do Falcon 9 presos a ele. É programado para levar para órbita uma carga quatro vezes mais pesada que a do Falcon 9 – com 20.000 toneladas de empuxo, seria o foguete mais poderoso da Terra (porém, teria apenas metade da capacidade de empuxo do Saturno V de Von Braun, que levou a nave *Apollo* para a Lua). Já faz anos que os clientes da SpaceX solicitam o lançamento do Falcon Heavy, mas os voos de teste têm sido adiados. Um projeto da Nasa criado em 2011, apelidado de Red Dragon, pretendia utilizar um foguete Falcon Heavy e uma espaçonave *Dragon* para realizar uma expedição de mineração de baixo custo em Marte, mas a missão nunca foi terminada.

Segundo o cronograma da Mars One, publicado em seu *site*, eles pretendem enviar missões de carga para o planeta vermelho em 2022 e depois mandar quatro pessoas a cada dois anos, começando em 2024. A *homepage* do site mostra atualmente seis cápsulas semelhantes à *Dragon* interconectadas por tubos. Essa é a estratégia básica que vários entusiastas de Marte, como Robert Zubrin, fundador da Mars Society, estão apoiando há anos. O plano conta com colaboração ampla da SpaceX. No site da Mars One comenta-se que eles "visitaram" a SpaceX e receberam uma carta manifestando interesse. Mas nenhum acordo foi assinado entre a Mars One e a SpaceX, e Musk ainda não tem certeza de que o Falcon Heavy poderá ser usado para uma viagem a Marte. O foguete da Mars Colonizer terá "o empuxo três vezes maior que o do Falcon Heavy e duas vezes maior que o do Saturn V". Enquanto isso, talvez haja muitos outros clientes de alta prioridade para a espaçonave *Dragon* e o foguete Falcon Heavy que poderiam deixar a Mars One ainda mais distante de seus objetivos. Em meados de 2014, a Mars One levantou 600.000 dólares em doações. Isso não chega nem a 1 por cento do custo de lançamento de uma espaçonave *Dragon* numa órbita baixa da Terra usando um foguete Falcon 9 comum. A Mars One cobra uma taxa dos candidatos ao cargo de astronauta que pode lhe render alguns milhões de dólares. Além disso, quer conseguir direitos exclusivos de transmissão televisiva na esperança de que uma viagem a Marte se torne o *reality show* mais popular de todos os tempos. De qualquer forma, a Mars One ainda está longe de levantar os 6 bilhões de dólares que o seu diretor executivo, Bas Lansdorp, garante serem necessários para enviar a primeira tripulação.

 Até o momento, a Mars One parece ser um grupo otimista de pessoas que quer colonizar Marte mas ainda não amadureceu suficientemente a ideia. Outras organizações têm propostas tão vagas quanto as dela.

 Por outro lado, ainda que Elon Musk tenha revelado poucos detalhes dos seus planos, quando afirma que vai levar seres humanos a Marte e visualiza milhares de pessoas vivendo lá – uma versão bem mais aprimorada de como seria a vida no planeta –, não é difícil acreditar nele. Isso porque Musk já fez coisas impossíveis antes. Primeiro, revolucionou a indústria automobilística – que tinha 110 anos – fundando a Tesla Motors. Muitos zombaram da empresa no início, alegando que os carros elétricos seriam uma invenção viável só dali a cinquenta anos. No entanto, apenas dois anos depois que o Model S começou a ser vendido, estima-se que haja 70.000 em circulação. E quem possui um Tesla nos Estados Unidos pode dirigir por toda a costa do país, parando em uma das 174 estações de recarga (segundo a Tesla Motors) para reabastecer gratuitamente. Se você instalar painéis solares em casa, poderá dirigir seu carro usando como "combustível" somente luz solar. *Shopping centers* e estacionamentos nos Estados Unidos já estão instalando estações de recarga para veículos elétricos, várias delas gratuitas. A popularidade dos carros Tesla não parece estar decaindo, e Musk pretende produzir 500.000 carros por ano em 2020. Grandes montadoras como a Ford, a Toyota e a General Motors têm se esforçado para se atualizar. Muito antes de elas conseguirem, a Tesla vai introduzir um carro elétrico barato, visando o mercado popular. Dentro de uma década, o motor de combustão dos automóveis ficará parecendo exatamente o que é – uma máquina que queima gasolina, gerando muito mais calor que movimento para a frente, um artefato bizarro da Antiguidade. Agora Musk está fazendo a mesma coisa com a SpaceX – revolucionando o modo como chegamos ao espaço.

Estimuladas pelos projetos ousados de Musk e pelo compromisso da Nasa de usar seu sistema *Orion* para transportar seres humanos para Marte, todas as nações exploradoras do espaço entraram na corrida para conquistar o planeta vermelho. Em 2016, a Agência Espacial Europeia (ESA, na sigla em inglês) fará uma parceria com a Roscosmos, a Agência Espacial Federal Russa, com o objetivo de lançar uma sonda orbital para Marte (essa não é a primeira missão da ESA para o planeta; ela já enviou a *Mars Express* em 2003). A sonda vai medir gases residuais – os que compõem menos de 1 por cento da atmosfera. Em 2018, as duas organizações planejam mandar uma sonda espacial para a superfície marciana. Os russos também cogitaram a possibilidade de construir um foguete gigantesco – para rivalizar com o Space Launch System da Nasa – que poderia realizar uma viagem tripulada para Marte por volta de 2030. Enquanto isso, o governo chinês anunciou que pretende enviar uma sonda para Marte, assim como enviou para a Lua, por volta de 2020.

6 Viver em Marte

Os seres humanos têm quatro necessidades básicas para sobreviver na Terra: comida, água, abrigo e vestimenta. Já em Marte, os seres humanos têm cinco necessidades básicas para sobreviver: comida, água, abrigo, vestimenta e oxigênio. A capacidade de encontrar esses cinco recursos essenciais vai assegurar a sobrevivência da humanidade como uma espécie interplanetária.

O dilema da água

Depois de quatro minutos sem oxigênio, começamos a ter danos cerebrais, e presume-se que após quinze minutos de privação ocorra a morte. Mas ninguém espera que encontremos oxigênio em Marte. Teremos de produzir nosso próprio oxigênio. Para isso podemos usar a água – se conseguirmos encontrá-la. Se isso acontecer, seremos capazes de criar oxigênio de várias maneiras, até por meio de uma simples eletrólise – passando uma corrente elétrica pela água. Portanto, a água é o recurso mais precioso para a sobrevivência dos humanos em Marte, especialmente porque ela é muito pesada para ser transportada da Terra. Se Marte não tiver a quantidade de água que imaginamos, não teremos como viver lá.

Muitos anos atrás, quando as várias sondas orbitais e terrestres eram apenas desenhos num papel, a Nasa tomou uma decisão importante: "perseguir a água". O objetivo não era apenas viabilizar a colonização de um planeta; era também ir em busca de vida alienígena. Sem água não há vida. Parece até um pouco irônico que a investigação insistente da Nasa sobre a possibilidade de haver vida em Marte tenha nos levado a uma conclusão diferente: que *pode* haver vida em Marte – vida humana.

Informações obtidas de diversas sondas-robôs espaciais, como a *Curiosity*, a *Mars Reconnaissance Orbiter*, a *Mars Odyssey*, a *Mars Express* e até a *Viking*, que é da década de 1970, concluíram que, de fato, existe água em Marte. No entanto, foi somente quando a *Phoenix* pousou no círculo polar norte, em 2008, que uma sonda conseguiu confirmar que existe água congelada em Marte e que ela é facilmente encontrada no solo marciano, chamado regolito.

Embora a área de superfície de Marte corresponda a apenas 28 por cento da extensão da Terra, a quantidade de terra seca é aproximadamente a mesma, pois 70 por cento da superfície da Terra é coberta por oceanos, lagos e rios. Nenhuma parte da superfície de Marte é coberta por água, com uma diferença importante: pode haver mais de 4 milhões de quilômetros cúbicos de água na superfície do planeta, mas está quase toda congelada. Assim, talvez apareça água líquida em Marte ocasionalmente em condições atmosféricas específicas, mas, até que a atmosfera fique muito mais densa e a temperatura da superfície aumente de modo significativo, a água raramente fluirá.

A maior parte da água está nos polos norte e sul de Marte, mas uma parcela dela está enterrada sob dióxido de carbono congelado. Se tudo isso for derretido, o planeta poderá ficar coberto por um oceano com centenas de metros de profundidade. É uma grande porção de água, mas não chega nem perto daquela que, segundo os estudos geológicos, já fluiu no planeta. Existem dezenas de milhares de vales de rios secos em Marte e enorme quantidade de leitos de lagos. Talvez mais de um terço de Marte já tenha sido coberto por oceanos. Parte da Elysium Planitia, uma vasta planície perto do equador, pode ser um mar de gelo fragmentado tão grande quando o mar do Norte na Terra.

A quantidade de gelo em Marte parece abundante, mas o porcentual de gelo de água que pode ser encontrado em 1 metro cúbico do regolito varia consideravelmente, indo de 1 a 60 por cento. Há grande número de minilagos de gelo logo abaixo da superfície de Marte, e muitos parecem estar em uma faixa próxima ao equador. Lagoas de água congelada serão muito bem-vindas para os primeiros colonizadores.

Parte da água que talvez tenha fluído livremente no planeta deve ter evaporado para o espaço, pois Marte perdeu sua atmosfera. A sonda *Maven*, atualmente na órbita de Marte, tem muito a dizer sobre isso. Grande parte da água de Marte deve ter recuado para baixo da terra, mas a maioria dela talvez ainda esteja presa no gelo da superfície. Se os imigrantes marcianos medirem sua "riqueza" no que se refere à quantidade de recursos hídricos, poderão se considerar ricos. Se Marte tivesse se mostrado um lugar tão árido e seco como foi sugerido muitas vezes por imagens telescópicas e sobrevoos, talvez hoje estivéssemos procurando um planeta ainda mais estranho para migrar – Vênus.

Encontrar água em Marte não parece difícil até o momento, mas torná-la líquida pode ser um desafio para os primeiros colonizadores. O grande problema consiste na quantidade de energia humana necessária para obtê-la. A maior parte da água provavelmente é gelo misturado com regolito. Essa mistura congelada poderia ser tão impenetrável que exigiria uma britadeira. Ainda assim, liquefazer a água demandaria técnicas usadas em pedreiras e um maquinário que consome bastante energia. Portanto, os primeiros colonos teriam muita sorte se achassem um lago de gelo puro.

A melhor opção seria encontrar água líquida. Isso é possível no solo subterrâneo. Existe muita especulação sobre depósitos de água no subsolo marciano, mas ninguém conhece ainda a situação real. Os primeiros astronautas terão de perfurar ao menos em pequenas profundidades para tentar encontrar água líquida. Extrair água da superfície de Marte ou de um poço não é ciência de foguetes, mas envolverá ferramentas específicas para o trabalho, como fornos e dispositivos para destilação (caso contrário, a perfuração produzirá vulcões de gelo, que se formarão logo que a água líquida sair, congelando imediatamente na superfície).

Uma hipótese possível é que os astronautas tenham de martelar pedaços do regolito da superfície, embora, com as futuras missões para prover suprimentos, pequenas escavadeiras e tratores possam aumentar a quantidade de trabalho de cada colono. Os fragmentos de regolito seriam aquecidos em fornos até que o gelo evaporasse, para então ser destilado e filtrado, virando água potável. Haverá muito desperdício no processo, que demandará bastante energia – poderão ser usados painéis solares, mas talvez seja necessário um pequeno reator nuclear.

● ● ●

Entre os requisitos para viver em Marte nos primeiros anos estão os suprimentos vindos da Terra e um equipamento padronizado. Assim como os carros da Tesla de Elon Musk, quase todas as ferramentas e dispositivos que serão usados em Marte precisarão ser meticulosamente projetados. Seria inadmissível que, ao perfurar o solo para encontrar água, alguém descobrisse alguma falha de previsão de um problema específico – por exemplo, um depósito de minerais que exija uma broca especial. Para que a expectativa de sobrevivência seja razoável, cada circunstância deve ser prevista.

O que faríamos se os primeiros astronautas em Marte descobrissem que todas as tentativas de processar o regolito, perfurar o solo para encontrar água ou arrancar blocos de gelo da superfície marciana infelizmente falharam? Existe um bom plano de reserva. A sonda *Viking* da Nasa, a primeira nave a pousar no planeta com sucesso em 1976, revelou que, por mais que a atmosfera de Marte seja rarefeita, ela é úmida; portanto, de maneira geral, os níveis de umidade são de 100 por cento. Um estudo publicado pela Universidade de Washington em 1998 apresentou um aparelho denominado *water vapor adsorption reactor* (Wavar), ou reator de adsorção de vapor de água, que conseguiria extrair da atmosfera de Marte uma quantidade de H_2O suficiente para permitir a vida humana. O artigo cita que "[...] a atmosfera de Marte é a fonte mais característica e global de água no planeta [...] [Porém, Marte] tem uma atmosfera extremamente seca em comparação com a da Terra. [...] Em média, a atmosfera de Marte sustenta o máximo de água que consegue diariamente, ou seja, 100 por cento de umidade relativa à noite [...] durante a maior parte das estações do ano e das latitudes".

O Wavar usa minerais adsorventes chamados zeólitos, encontrados naturalmente na Terra e comercializados (são utilizados em desumidificadores industriais, para extrair o vapor de água da atmosfera). O artigo sobre o Wavar continua, mostrando quão simples pode ser o processo: "A atmosfera marciana é sugada para dentro do sistema por um ventilador, passando por um filtro de poeira. O gás filtrado passa por uma câmara adsorvente, onde o vapor de água é removido do fluxo. Quando a câmara fica saturada, o vapor de água é absorvido, condensado e encanado para armazenagem. O projeto é composto de apenas sete componentes: um filtro, uma câmara adsorvente, um ventilador, uma unidade de absorção, um mecanismo para girar a câmara, um condensador e um sistema de controle para ativação".

Para manter a massa e o volume da missão no menor tamanho possível, o Wavar é projetado para chegar à superfície marciana em um transporte de carga e começar a produzir água dois anos antes de os astronautas pousarem.

Apenas esclarecendo o que já parece óbvio: se Marte tiver a quantidade de água que imaginamos, o homem poderá viver lá de maneira contínua.

O dilema do oxigênio

Agora vamos falar sobre o problema do oxigênio. Quando acaba o oxigênio em um traje espacial, só é possível respirar o dióxido de carbono que exalamos por um tempo antes de perdermos totalmente a consciência. A morte não tarda a chegar. Os seres humanos não conseguem tolerar mais de 5 por cento de CO_2 no ar que respiram, e isso apenas por um breve momento, em parte porque tendemos a desmaiar com o excesso de CO_2 como mecanismo de defesa.

Com base nesses fatos, Marte parece um lugar muito hostil; não existe quase nenhum oxigênio em sua atmosfera. De acordo com as leituras da sonda-robô *Curiosity*, obtidas em 2012, o "ar" de Marte é composto de 2 por cento de nitrogênio, 2 por cento de argônio, 95 por cento de dióxido de carbono e vestígios de monóxido de carbono e oxigênio. Esses números variam um pouco com a mudança das estações, pois nos meses de inverno alguns dos gases congelam nos polos e só voltam para a atmosfera na primavera. Apesar de não haver nem 1 por cento de oxigênio livre na atmosfera marciana, existe muito oxigênio em Marte. O segredo está na composição do dióxido de carbono, que é, por peso molecular, 28 por cento de carbono e 72 por cento de oxigênio. Se a atmosfera marciana é composta de 95 por cento de CO_2, então cerca de 70 por cento do ar em Marte é, por massa, oxigênio. E, mesmo que a atmosfera de Marte tenha apenas 1 por cento da densidade da atmosfera da Terra, ainda é bastante oxigênio.

A água que os pioneiros vão extrair de Marte terá ainda mais oxigênio na sua composição – aproximadamente 89 por cento da massa molecular da água é de oxigênio. E os terráqueos se tornaram adeptos de uma técnica muito simples chamada eletrólise, que é usada para separar as moléculas da água para que liberem oxigênio. O processo consiste em colocar dois eletrodos em um tanque com água e ligar uma corrente elétrica ao longo dela. *Voilà!* O oxigênio pode ser coletado próximo a uma das extremidades do tanque, junto ao anodo, e o hidrogênio se acumula na outra extremidade, junto ao catodo. O hidrogênio pode servir ainda como excelente fonte de combustível e energia. Praticamente todo estudante de química do ensino médio nos Estados Unidos realiza uma variante desse exercício de eletrólise no laboratório. E há uma vantagem: o hidrogênio e o oxigênio, uma vez separados, tornam-se um excelente combustível para foguete. O único problema com a eletrólise, que provavelmente vai frustrar os primeiros colonos marcianos, é que ela requer muita eletricidade.

Felizmente, a Nasa já enfrentou o problema do oxigênio. Quando lançarem o sucessor do *Curiosity* em 2020, ele vai levar consigo um tipo de célula de combustível que transformará o CO_2 atmosférico de Marte em oxigênio e monóxido de carbono.

O dispositivo se chama Moxie (sigla derivada de Mars Oxygen In-Situ Resources Utilization Experiment, ou Experimento de Utilização de Recurso de Oxigênio Marciano In-Situ). Ele usa um processo semelhante à eletrólise na água, empregando apenas cerâmicas de alta temperatura no ar. "Uma voltagem que circula na cerâmica separa seletivamente os íons de oxigênio que foram produzidos de forma catalítica na superfície", diz o dr. Michael Hecht, principal pesquisador do projeto do Moxie e diretor assistente de gerenciamento de pesquisa do Observatório Haystack, no MIT. O objetivo da Nasa com o Moxie é mostrar que somos capazes tanto de produzir nosso próprio oxigênio respirável como de criar um oxidante para o combustível de foguete. O oxigênio é muito mais pesado que outros propelentes de foguete, como o hidrogênio ou o metano, por isso a Nasa está obcecada pela ideia de produzi-lo em Marte para as viagens de retorno à Terra. Será bem melhor, porque assim, durante o trajeto para Marte, não teremos de carregar o combustível para a volta.

O módulo Moxie, na próxima sonda terrestre marciana, produzirá somente 15 litros de oxigênio por hora nas condições normais de temperatura e pressão. Isso pode não parecer muito, mas os pulmões humanos consomem apenas de 5 a 6 mililitros de oxigênio por minuto. "Resumindo, o Moxie pode produzir oxigênio suficiente de forma contínua para que um terráqueo respire desde que não esteja praticando atividades extenuantes", afirma Hecht. Se o Moxie funcionar da maneira esperada, a Nasa planeja aumentar a escala num fator de 100, porém será necessário um reator nuclear para gerar a energia.

"O Moxie foi projetado para ser um modelo em escala de 1 para 100 da usina geradora que finalmente iria dar suporte à primeira missão humana", diz Hecht. "A ideia é estabelecer uma estação robótica contendo o reator nuclear e a usina geradora de oxigênio, então enviar os seres humanos 26 meses mais tarde, depois de confirmar que os tanques de O_2 estão cheios e que o reator está funcionando."

Na Terra, respiramos uma atmosfera composta por quase 78 por cento de nitrogênio e 21 por cento de oxigênio. Por mais que consigamos respirar muitas misturas de gases, inclusive hélio e oxigênio, não podemos respirar uma mistura de 20 por cento de oxigênio e 80 por cento de dióxido de carbono. O gás que misturamos com o oxigênio precisa ser inerte, ou não reativo, como o argônio ou o hélio. O nitrogênio não é sempre considerado um gás inerte, mas a ligação formada por dois átomos de nitrogênio é tão forte que ele tende a não reagir com outros átomos.

O dilema da comida

Um requisito crucial para a sobrevivência humana em Marte é a comida. A ciência agrícola é uma área de estudo extremamente desenvolvida em muitas partes do mundo, inclusive nos Estados Unidos. Vários especialistas passaram anos tentando encontrar meios de cultivar plantas em Marte. (Os colonizadores serão vegetarianos, gostem ou não, uma vez que é radicalmente mais difícil criar animais no planeta.) Se os primeiros desbravadores pousarem próximo ao equador, os dias serão quentes o suficiente para usar estufas infláveis. Elas terão de ser bem isoladas e usar técnicas de aquecimento solar passivas, como pedras que absorvem calor durante o dia, bem como aquecimento elétrico para compensar a queda abrupta da temperatura à noite. Elas também vão exigir atmosferas mais densas que as que existem hoje em Marte. Um dia típico no planeta, próximo do solstício, tem doze horas de luz do dia e doze horas de escuridão. As estimativas da pressão necessária nas estufas variam, mas os botânicos esperam ser capazes de cultivar plantas em ambientes com aproximadamente um décimo da pressão atmosférica da Terra. Experiências conduzidas na Estação Espacial Internacional revelam que as plantas crescem mesmo em gravidade zero, mas ninguém sabe ao certo que efeito a gravidade marciana – com cerca de 38 por cento da força da terrestre – terá nas plantas.

Temos conhecimentos suficientes sobre o regolito marciano para saber que grande parte dele é propícia para plantar, mas isso pode variar um pouco, dependendo da região onde o regolito foi colhido. As amostras coletadas por sondas terrestres e a análise dos meteoritos que chegaram à Terra vindos de Marte indicam que existe um tipo de argila no solo, conhecida como esmectita, que é comum na Terra e usada em areia para gatos. A argila absorve a água rapidamente e pode ser boa para cultivar plantas. Entretanto, se o solo marciano for demasiadamente ácido ou alcalino, poderá exigir tratamento e adição de nutrientes como o nitrogênio. O cultivo hidropônico – plantar em água bastante rica em nutrientes, sem necessidade de solo – oferece grande possibilidade de colheitas bem-sucedidas, desde que a água esteja disponível e que possa ser mantida líquida.

Angelo Vermeulen, um biólogo e artista que viveu durante meses em um ambiente marciano simulado, afirma: "Na minha opinião, as estufas não funcionam tão bem assim. Há pouca luz solar e muita radiação. Elas podem parecer bonitas em um cartão-postal de Marte, mas não são práticas". Em vez disso, ele prevê "câmaras de cultivo" hidropônicas, cobertas por montes de terra para bloquear a radiação ou colocadas no subsolo, dentro de formações naturais esculpidas pela lava. "Cultivar comida em Marte é uma questão de controle", diz Vermeulen. "É preciso controlar perfeitamente o ambiente. Com luz de LED pode-se determinar o espectro, a frequência e a intensidade da luz. Por meio do cultivo hidropônico, a água e os nutrientes são monitorados rigorosamente, aumentando a probabilidade de uma boa colheita."

Por mais que os primeiros colonizadores tenham de ajustar a alta quantidade de dióxido de carbono da atmosfera marciana em câmaras de cultivo ou estufas, esse gás em grandes quantidades faz com que as plantas cresçam mais rápido e em maior abundância. "É possível controlar a quantidade de CO_2 e ver o que dá mais certo", afirma Vermeulen. A quantidade total de luz do Sol em Marte equivale a cerca de 60 por cento da que recebemos na Terra. Ao meio-dia em Marte, a luz solar emite aproximadamente 600 watts de energia por metro quadrado. Portanto, ela é equivalente ao momento em que o Sol começa a se pôr na Terra, ficando num ângulo de 35 graus sobre o horizonte. É possível visualizar a luz solar recebida em Marte como a escassa luz solar recebida nos meses de inverno nas cidades terrestres de Milão, Chicago, Beijing e Sapporo.

As plantações em Marte terão de ser o mais nutritivas possível, embora ocupem um espaço bem restrito. Apesar de os feijões serem ricos em proteína e fibra e poderem fazer parte da dieta marciana, ainda não há pesquisas conclusivas sobre que tipos de alimento devem ser usados. Seria possível cultivar cogumelos numa compostagem feita de restos de vegetais que os humanos não comerem. Se Vermeulen fosse preparar o cardápio, ele também incluiria insetos: "Os insetos deveriam entrar na dieta dos astronautas. Grilos e louva-a-deus são crocantes e cheios de proteínas. Também gosto de minhocas secas. Em um dos meus projetos, nós as fritamos e as colocamos em saladas".

A alface e outras folhas serão uma regalia, mas muito importantes. "A alface não é ideal. Seu valor nutritivo é baixo e o volume, relativamente grande. Mas ela tem um bom efeito psicológico nas pessoas – é fresca e crocante", diz Vermeulen.

O biólogo fica admirado com o fato de muita gente ainda achar que os astronautas comem alimentos que vêm em tubos: "Os astronautas querem que as refeições sejam um conforto. Querem sentar juntos para comer. Na Estação Espacial Internacional, eles pediram de volta uma mesa para que pudessem se alimentar juntos. É uma maneira de se lembrarem de onde vêm – uma ligação com sua cultura e identidade. Os chineses e os russos, por exemplo, gostam de comida bem diferente da dos americanos".

Uma experiência recente de cinquenta dias, vivenciada em uma estufa na Holanda e financiada pelo Ministério de Assuntos Econômicos dos Países Baixos, gerou muito otimismo quanto à capacidade de cultivar alimentos em Marte, embora não tenha sido usada gravidade reduzida nem luz solar semelhante à do planeta. A Nasa cedeu aos agricultores holandeses uma quantidade de solo do Havaí e do Arizona que considera semelhante ao regolito marciano. Aproximadamente 4.200 plantas foram cultivadas a partir de sementes, e todas as que foram plantadas no solo marciano simulado germinaram. Entre as espécies que mais prosperaram havia agrião, tomate, centeio e cenoura, como era esperado, por serem capazes de reter bem a água. As experiências continuam, incluindo projetos canadenses na ilha Devon e uma estufa da Mars Society em Utah, nos Estados Unidos.

Por maior que seja nosso sucesso ao cultivar comida em Marte, nos primeiros dias ela constituirá apenas uma pequena fração da dieta. A maior parte terá de vir da Terra. "Não acho provável que algum dia venhamos a comer 100 por cento de alimentos cultivados lá", afirma Vermeulen. "Honestamente, se conseguirmos cultivar 10 por cento da comida que consumirmos, já será um bom começo." Isso porque as câmaras de cultivo e os dispositivos que elas requerem são custosos em termos de massa e energia. Quando se trata de viagem espacial e de viver em outro planeta, massa e energia são fundamentais.

O dilema do abrigo e da vestimenta

Da mesma forma que as plantas vão exigir um abrigo especial em Marte, nos primeiros dias os humanos também precisarão de roupas especiais e de abrigo para sobreviver ao ambiente marciano.

Foguetes de metal e construções infláveis não são uma solução permanente para lidar com o ambiente hostil de Marte. Existem dois tipos de radiação para enfrentar – a solar e a cósmica. A radiação solar é aquela que sentimos na praia com queimaduras do sol – são partículas energizadas do Sol que penetram a atmosfera da Terra. Os raios cósmicos vêm de fontes misteriosas além do nosso sistema solar e têm energia muito maior e por isso bem mais perigosa. Na Terra, a radiação cósmica é altamente reduzida por nossa atmosfera espessa. Ela não é barrada pela pele, podendo penetrar até em metais extremamente densos e ainda danificar equipamentos eletrônicos. A radiação cósmica vem num fluxo constante, a conta-gotas. É muito difícil proteger-se dela, porque seus níveis de energia são altíssimos. Pessoas que moram em grandes altitudes nas montanhas Rochosas e pilotos que fazem rotas transoceânicas absorvem grandes quantidades de radiação cósmica. Não há dúvida de que a maior exposição à radiação aumenta o risco de morte por câncer, embora esse risco se agrave somente em pequena porcentagem. Ao longo do tempo, qualquer exposição à radiação é nociva à saúde humana.

Agora a Nasa vem pensando em aumentar a quantidade de exposição à radiação que será tolerada por astronautas em viagens longas como para Marte. Mesmo a fina atmosfera do planeta vermelho já deve ser suficiente para bloquear a radiação solar. Porém, no caso de impacto direto de uma explosão solar, que é um fenômeno raro, mas sempre possível, haveria grande risco a longo prazo para os seres humanos. Os habitantes de Marte precisarão usar abrigos com a maior quantidade possível de regolito ou pedras sobre a cabeça. Se uma tempestade solar atingir Marte diretamente, eles terão de se proteger em uma caverna profunda ou algo semelhante.

Robert Zubrin, da Mars Direct, em uma proposta que vem aprimorando há várias décadas, sugere a construção de estruturas com tetos abobadados, semelhantes às dos romanos, feitas com tijolos produzidos com o regolito de Marte. Se fossem erguidas várias construções desse tipo lado a lado, isso ofereceria uma proteção fabulosa tanto do frio marciano quanto das radiações solar e cósmica, especialmente se os prédios fossem revestidos com cerca de 3 metros de regolito.

Outro requisito para viver no planeta vermelho seria que os astronautas conseguissem utilizar os materiais encontrados em Marte para criar plástico para uso em construção, ferro e talvez até aço e cobre. Todos esses planos já estão relativamente elaborados, porém requerem uma quantidade extraordinária de energia e muito equipamento especializado. Zubrin visualiza pequenos caminhões munidos com lâminas de escavadeira para empurrar e mover o regolito extremamente duro e congelado.

Com a experiência surgirão novas estratégias para se abrigar. Ao longo da história, os seres humanos se adaptaram de forma brilhante ao seu ambiente, usando materiais locais para produzir abrigos apropriados às condições de cada lugar. O mesmo ocorrerá em Marte, mas, para obter proteção adequada à radiação, os primeiros exploradores terão de se contentar com cavernas, fissuras ou formações naturais esculpidas pela lava. Futuramente, quando Marte for terraformado para se tornar mais semelhante à Terra, os riscos de radiação serão mitigados pela atmosfera mais densa.

A vestimenta também terá um papel importante na proteção dos colonos contra o frio e a radiação. Existe um problema em Marte que somente as roupas especiais podem resolver: a falta de pressão atmosférica. Na Terra, vivemos sob uma espessa camada de atmosfera. Estique o braço para o alto e tente visualizar os quilômetros de atmosfera acima que exercem pressão sobre cada centímetro quadrado da sua pele. Essa atmosfera, em média, pesa 1 quilo por centímetro quadrado no nível do mar. Nosso corpo empurra essa pressão constantemente para fora. Em Marte, onde a pressão atmosférica equivale a menos de 1 centésimo da terrestre, nenhum ser humano conseguiria viver por muito tempo sem uma roupa pressurizada que reproduza a pressão interna do corpo. Ao contrário dos dilemas da água, do oxigênio, da comida e até do abrigo, a única solução para o problema da pressão é usar roupa pressurizada o tempo todo, a não ser que se esteja em ambiente pressurizado.

Dava Newman, professora de astronáutica da Apollo no MIT, trabalha com uma roupa não pressurizada, mais flexível e leve, para "locomoção planetária". Ela explica que, "fisiologicamente, só precisamos prover um terço da pressão atmosférica encontrada na Terra", ou menos de 300 gramas por centímetro quadrado. Suas roupas espaciais parecem mais trajes tradicionais do que cápsulas volumosas. Em seu modelo BioSuit, uma espécie de segunda pele, ela usa polímeros e ligas com memória de forma, com capacidade de retornar a um formato predefinido, para criar roupas protetoras mais elásticas e menos pesadas que as vestimentas pressurizadas atuais.

Para ganhar mobilidade, Newman prefere usar em cada peça apenas a quantidade suficiente de proteção à radiação. "Não quero colocar tantas camadas em uma roupa, pois a proteção real é pesada e volumosa. É necessário se proteger da radiação? É claro, mas talvez não precisemos de tanta concentração na roupa", diz ela, já que os astronautas passarão a maior parte do tempo em veículos ou hábitats protegidos. "Quando formos mandar homens para Marte", continua, "já saberemos a quantidade de radiação por meio das diversas sondas veiculares e orbitais que temos enviado para lá desde a década passada."

Todas essas questões podem ser reduzidas a um último desafio para os humanos em Marte: como poderemos viver em um ambiente tão inóspito? Será necessário criar técnicas de aquecimento para aumentar a densidade atmosférica – resumindo, redesenhar todo o planeta para torná-lo mais parecido com a Terra. Esse processo se chama terraformação e pode levar séculos para terminar. Mas isso é possível – e será feito.

Imaginando a vida em Marte...

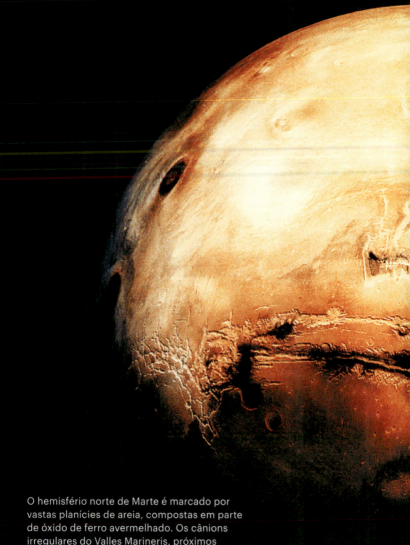

O hemisfério norte de Marte é marcado por vastas planícies de areia, compostas em parte de óxido de ferro avermelhado. Os cânions irregulares do Valles Marineris, próximos ao equador, têm quase 8 quilômetros de profundidade e são praticamente tão extensos quanto os Estados Unidos.

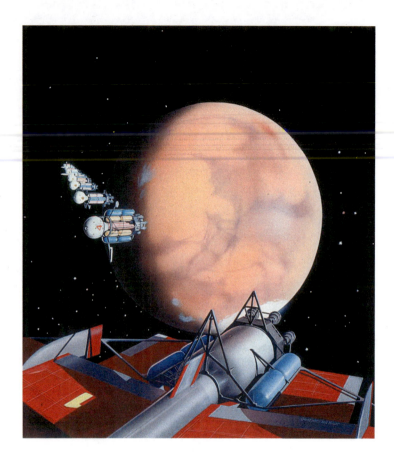

ACIMA A imagem de uma das capas da revista *Collier's*, de 1954, fez aumentar o interesse das pessoas por viagens espaciais.

À DIREITA Esta imagem de um pouso em Marte, de 1954, criada por um ilustrador de revista, baseou-se nos trabalhos de Wernher von Braun, oficial alemão da SS que se tornou engenheiro espacial.

À DIREITA A sonda *Curiosity* tirando uma *selfie* enquanto perfura pedras em uma formação arenosa conhecida como Windjana.

PÁGINAS SEGUINTES Rastros de esteira marcam o caminho da *Curiosity* em uma duna marciana.

À ESQUERDA A SpaceX criou a espaçonave *Dragon* com o objetivo de levar tripulação e carga para a órbita terrestre. O diretor executivo Elon Musk tem em mente uma espaçonave muito mais complexa para uma viagem a Marte.

ACIMA A *Crew Dragon*, espaçonave de última geração da SpaceX, pode transportar sete astronautas. Seu lançamento está previsto para 2017 no programa Commercial Crew da Nasa. A Inspiration Mars, uma organização sem fins lucrativos, fundada por Dennis Tito, propôs o uso da espaçonave *Crew Dragon* numa missão de 580 dias, levando um casal de astronautas, para sobrevoar Marte em 2021.

ACIMA O foguete Falcon 9 da SpaceX (na imagem) e a espaçonave *Dragon* realizaram seis missões de carga de ida e volta para a Estação Espacial Internacional nos últimos três anos. Atualmente em desenvolvimento, o Falcon Heavy será o foguete mais poderoso em operação, capaz de lançar missões tripuladas para a Lua e até para Marte.

À DIREITA Quando um foguete Falcon 9 decola, seu primeiro estágio opera com nove motores Merlin, projetados pela SpaceX. Ele consegue ejetar até dois motores e ainda completar a missão.

PÁGINAS SEGUINTES Quando a espaçonave *Dragon* da SpaceX se acoplou pela primeira vez à Estação Espacial Internacional, em 2012, ficou comprovado que as empresas privadas podiam executar avançadas proezas que somente os governos tinham conseguido realizar antes.

À DIREITA A cratera Victoria, de 800 metros de diâmetro, contém tanta informação geológica que a sonda *Opportunity* da Nasa passou quase um ano dentro dela, examinando camadas expostas de pedra. Essas pedras revelaram que a paisagem marciana era delimitada por uma grande rede hídrica muito tempo atrás.

ACIMA A Nasa monitora as variações sazonais e anuais dos ventos marcianos observando campos de dunas ativas como esta. Os picos das dunas podem ter a distância de 1 quilômetro entre um e outro.

À DIREITA O vento modela as dunas nesta cratera em formatos de "V", lembrando as formações de pássaros em voos migratórios.

PÁGINAS SEGUINTES Esta paisagem acidentada é a região com o nome mágico de Noctis Labyrinthus, que mostra uma rede brilhante de cumes justapostos a escuras dunas de areia. A cor dessas dunas, que migram pela superfície do planeta conforme o vento, é decorrente da coloração escura dos materiais ricos em ferro encontrados nas rochas vulcânicas. As dunas pálidas da Terra são compostas predominantemente de quartzo.

À DIREITA O gelo de água compõe a maior parte da região polar do norte de Marte, dando provas claras de que o planeta possui o líquido (congelado) da vida.

PÁGINAS SEGUINTES O gelo de água forma uma piscina em uma cratera de 35 quilômetros próxima do polo norte de Marte.

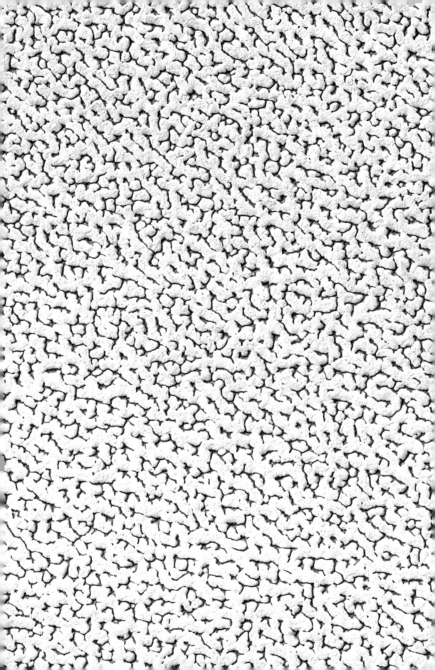

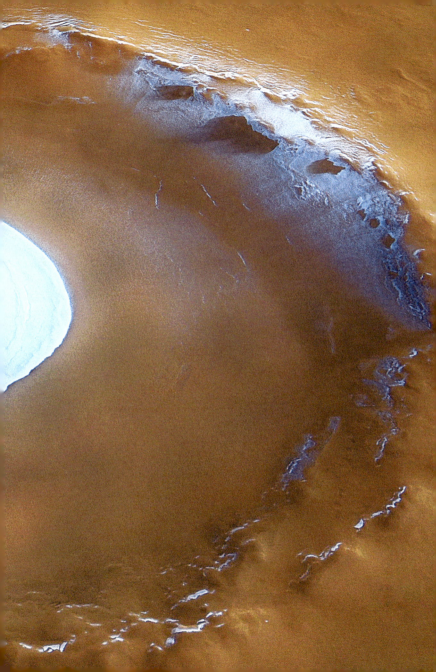

ACIMA A sonda terrestre *Curiosity* localizou este meteorito de 2 metros de extensão, apelidado de "Líbano", em 25 de maio de 2014.

À DIREITA Os pedregulhos ao redor deste buraco de amostragem parecem areia higiênica para gatos, e isso tem um motivo: eles são feitos de argila esmectita, um ingrediente-chave usado na areia higiênica. O solo rico em esmectita absorve bem a água e permite o cultivo de plantas.

À ESQUERDA As ravinas geladas de Marte são cobertas principalmente de dióxido de carbono congelado (gelo seco), mas também têm um toque de H_2O congelada, o que é mais uma evidência de que existe água no planeta.

ACIMA Estratos de rocha sedimentária envolvem o monte Sharp, em Marte, e representam milhões de anos de história geológica.

PÁGINAS SEGUINTES O pequeno ponto de luz branca no crepúsculo marciano, um pouco à esquerda do centro, é a nossa Terra.

ACIMA Luzes e sombras acentuam o contorno de uma *draa*, a maior categoria de formação arenosa por erosão eólica. Essa *draa*, que tem um comprimento de onda de mais de 800 metros, provavelmente se constituiu ao longo de milhares de anos ou mais.

7 Reconstruir Marte à imagem da Terra

Nós, seres humanos, já somos extremamente capazes de nos adaptar a condições incomuns de vida, acomodando-nos facilmente a ambientes hostis como a floresta Amazônica ou o gelo perpétuo no norte da Groenlândia. Mesmo assim, haverá um momento em que nos cansaremos de usar máscaras para respirar, de ficar monitorando os níveis de oxigênio o tempo todo e do frio intenso de Marte. Então começaremos a pensar na possibilidade de tornar respirável a atmosfera do planeta vermelho e aquecer sua superfície.

Vale a pena observar que muitos dos cientistas que estudam a evolução de Marte e vêm absorvendo as abundantes informações enviadas pelas sondas que exploram o planeta desde a década de 1960 acreditam que ele já teve rios frondosos, lagos e pelo menos um oceano, além de uma atmosfera úmida e talvez até vida.

Felizmente para nós, existe uma relação entre água, densidade atmosférica e calor. Vou explicar de forma resumida: se conseguirmos aumentar a temperatura de Marte, isso fará com que sejam liberados na atmosfera gases que hoje estão congelados – esses gases vão ampliar a atmosfera, resultando em mais densidade, o que criará um efeito estufa. O aumento da temperatura fará o gelo da superfície derreter, sobretudo perto do equador. A água voltará a fluir. A água líquida (e uma atmosfera adequada) permitirá aos colonizadores cultivar plantas fora de estufa, que, por sua vez, acrescentarão mais oxigênio à atmosfera. Assim como na Terra, as bases para a preservação da vida e da ecologia estão ligadas inseparavelmente.

O processo para realizar essas transformações se chama "terraformação", que significa alterar a terra. Um termo mais adequado seria "engenharia planetária". A Nasa batizou o processo de "ecossíntese planetária". Embora a criação da palavra "terraformação" seja atribuída a vários autores de ficção científica, o astrônomo Carl Sagan publicou em 1961 um artigo na prestigiosa revista *Science* em que propunha uma terraformação de Vênus para tornar o planeta habitável para os seres humanos.

A terraformação terá um custo extremamente alto, e poderá levar milhares de anos até que os homens possam andar na superfície de Marte em um cenário não muito diferente do que encontramos na costa Oeste do Canadá. Mas, mesmo que consigamos um aumento de poucos graus na temperatura nas partes certas de Marte, isso já tornará a vida ali muito mais agradável que em 2027, quando chegarem os primeiros astronautas. Em apenas alguns séculos, poderão ocorrer mudanças dramáticas nos ambientes ao ar livre.

Há várias hipóteses para o aquecimento de Marte, que é o primeiro passo no processo de terraformação. O processo mais arrojado e de mais rápido resultado consistiria em construir espelhos gigantescos para refletir a energia solar de volta para a superfície. O mais eficaz seria refletir a luz solar na direção do polo sul, onde existe uma grande camada de gelo seco sobre água congelada.

O uso de espelhos, porém, seria o método mais caro para aquecer Marte e, tecnologicamente, o mais desafiador. Se fosse possível realizá-lo, os espelhos produziriam água líquida em córregos (durante o dia, no equador) em alguns anos. Os espelhos teriam de ser flexíveis, como velas solares, feitos de filmes de poliamida cobertos com uma camada extremamente fina de alumínio. E precisariam ser enormes – com 250 quilômetros de extensão. Com essa dimensão, dificilmente poderiam ser lançados da Terra, portanto teriam de ser fabricados em Marte. Outra possibilidade seria reciclar velas solares usadas em espaçonaves de suprimentos construídas na Terra. A vela proveria parte da propulsão necessária para a viagem e, uma vez na órbita marciana, seria removida e colocada numa posição ideal para refletir luz solar de volta para Marte. Os espelhos também têm uma tecnologia bem simples e poderiam ser alojados em lugares específicos, onde os raios solares os empurrariam constantemente para longe de Marte, enquanto a gravidade do planeta exerceria a mesma força, no sentido contrário. Eles se tornariam um tipo de satélite chamado *statite*.

Robert Zubrin é favorável a esse recurso para o aquecimento de Marte e calcula que um único espelho de 250 quilômetros de extensão aqueceria a região do polo sul em cerca de 10 graus Celsius. Esse aumento de temperatura seria suficiente para liberar na atmosfera grande quantidade de gás carbônico, poderoso agente do efeito estufa. Um espelho com 500 quilômetros de extensão dobraria o resultado.

Outra hipótese de aquecimento mais plausível seria ir até o cinturão de asteroides e procurar uma pedra grande que contivesse amônia congelada. Afinal, para os seres humanos poderem respirar em Marte sem equipamentos especializados, a atmosfera deverá ter um gás-tampão. Na Terra, esse gás é o nitrogênio, que compõe 78 por cento do ar que respiramos. A amônia (NH_3) é composta de nitrogênio e hidrogênio. Se um asteroide com grande quantidade de amônia pudesse ser lançado numa rota de colisão com Marte, o impacto resultante teria no mínimo duas consequências: criaria calor, que ajudaria a aquecer a superfície, e aumentaria o nível de gases de efeito estufa. Somente com o impacto de um asteroide no planeta já seria possível aumentar a temperatura em 3 graus Celsius. Infelizmente, também poderia haver danos desastrosos: a colisão de um asteroide em Marte talvez causasse o efeito de um inverno nuclear, lançando tantos detritos na atmosfera que o planeta na verdade esfriaria antes de aquecer, adiando bastante o cronograma da terraformação. Além disso, a amônia é cáustica, de modo que grande quantidade dela na atmosfera criaria condições piores para os seres humanos que as causadas pelo dióxido de carbono. Ao final do processo, os raios solares iriam decompor a amônia, produzindo hidrogênio e nitrogênio. Parte do hidrogênio reagiria com o ferro no regolito, originando água. Talvez outra parte dele também se dissipasse no espaço, pois a gravidade de Marte é mais fraca.

(Outra solução, mas nada prática, para o aquecimento de Marte consistiria em mandar sondas robóticas para lugares como Titã, uma das luas de Saturno, rica em hidrocarbonetos, para tentar aspirar metano líquido, que flui em rios e forma pequenos oceanos na superfície daquela lua, e transportá-lo para Marte. Se hidrocarbonetos como o metano fossem despejados na atmosfera marciana, produziriam os gases de efeito estufa, vapor de água e CO_2.)

Aprendemos a duras penas na Terra que certos gases baseados em flúor são muito mais potentes como gases de efeito estufa do que CO_2 ou vapor de água. O clorofluorcarboneto, ou CFC, é um exemplo. Na Terra, é um poderoso gás de efeito estufa cujo uso foi proibido em *sprays*, refrigeradores e condicionadores de ar por destruir a camada de ozônio. Mas em Marte eles podem ser uma solução. Acredita-se que os elementos utilizados para fabricar o perfluorcarboneto (ou PFC) na Terra existem naturalmente em Marte. Durante décadas, construímos indústrias que produziam esses gases para permitir o funcionamento de refrigeradores e condicionadores de ar. Dominamos essa tecnologia. Porém, para criar quantidade suficiente de PFC para fazer a diferença no caso de Marte, seriam necessárias fábricas imensas com milhares de funcionários, coisa difícil de acontecer antes que Marte tenha sua primeira cidade.

O jeito mais barato de aquecer Marte seria usar uma bactéria que converta nitrogênio e água em amônia ou que crie metano a partir de água e dióxido de carbono. O dilema nesse caso é a água. Temos de aquecer o planeta para obter H_2O, mas não dá para aquecê-lo sem H_2O líquida. Esse é um problema valioso para cientistas como J. Craig Venter, um dos primeiros indivíduos a mapear o genoma humano. Já faz tempo que ele tenta modificar micróbios existentes. Por exemplo, as empresas petrolíferas poderiam usar uma bactéria modificada geneticamente em um poço antigo que ainda tenha

20 por cento do petróleo original, mas em condições difíceis de bombeá-lo para fora. A bactéria correta poderia se alimentar do petróleo e liberar metano – o gás natural – como subproduto.

Estamos quase prontos para criar novas espécies de bactéria que possam ser programadas para tarefas específicas. Se pudéssemos projetar uma bactéria para viver nos depósitos minerais do regolito marciano e cuspir PFC, Marte logo se tornaria um lugar mais quente. Mesmo se usássemos as bactérias existentes para produzir amônia e metano, já seria possível esquentar Marte consideravelmente em algumas décadas. O metano e a amônia produzidos também serviriam de escudo contra as radiações solar e cósmica.

O problema de utilizar novos tipos de bactéria é que talvez seja difícil interromper sua ação depois que começarem. Na década de 1930, os fazendeiros americanos receberam sementes de *kudzu* para plantar a fim de evitar a erosão do solo. Essa planta não é nativa dos Estados Unidos, sendo considerada uma espécie invasora. Hoje suas vinhas infestam boa parte do sul dos Estados Unidos.

Considerando todas as opções, entre a perspectiva de colidir asteroides contra a superfície de Marte e a de gerar bactérias modificadas geneticamente para emitir gases de efeito estufa, a solução mais simples e elegante, ao menos para começar, pode ser usar velas solares para aquecer a região polar. O maior problema de utilizá-las – para refletir raios solares de volta para o planeta – é o custo elevado, mas esse método não requer o uso de tecnologias ainda desconhecidas por nós.

Depois de esquentarmos Marte o suficiente para ter água em estado líquido, precisaremos transplantar algumas espécies mais resistentes da Terra para Marte, onde elas se reproduziriam com facilidade, com tanto dióxido de carbono na atmosfera. À medida que as plantas se espalharem, passarão a produzir imensa quantidade de oxigênio. Mas, como o oxigênio não é um gás de efeito estufa, tenderá a esfriar Marte. Graças à atmosfera rarefeita, à baixa gravidade e ao fato de que os gases de efeito estufa que injetamos finalmente se decomporão, será necessário um tratamento e a monitoração constante da atmosfera. Assim como cultivamos plantas para limpar e filtrar nosso estoque de água na Terra, os habitantes de Marte terão de cultivar plantas para manter sua atmosfera densa e respirável.

A interação dos diversos processos para tornar Marte habitável pode ser benéfica ou perigosamente imprevisível. Analisando de modo otimista, quanto mais gelo conseguirmos derreter, mais bactérias poderão decompor nitratos e lançar nitrogênio na atmosfera – tornando-a mais adequada às plantas, que produzirão mais oxigênio. Os processos parecem bastante sinérgicos.

Despertando formas de vida de outras eras

A terraformação de Marte tem várias incógnitas, inclusive a possibilidade de despertar formas de vida de outras eras. Se acreditarmos que a água já fluiu no planeta e que houve grandes lagos, rios e oceanos, bem como uma atmosfera densa, é difícil imaginar que não existisse lá nenhuma forma de vida. Até o momento não encontramos nenhuma prova de que houve vida em Marte, mas a sonda

Curiosity demonstrou que o planeta tem os componentes químicos básicos da vida. Uma vez que a água líquida é um ingrediente-chave para sustentar a vida do modo como a conhecemos, é razoável supor que Marte nem sempre foi um planeta sem vida, como parece.

Na verdade, há uma teoria de como a vida começou na Terra que até envolve Marte. No começo do sistema solar, quando os asteroides e os cometas voavam em grande quantidade, vários pedaços de Marte foram arremessados no espaço. Supondo que existisse uma forma de vida nesses fragmentos, ela poderia ter viajado até a Terra e encontrado um novo lar depois do impacto. Temos provas de que os micróbios conseguem sobreviver numa viagem espacial. Acredita-se que a água fluía em Marte na época em que a vida começou na Terra. Se ela se formou em Marte, isso deve ter ocorrido antes da vida na Terra, o que indica que o nosso planeta pode ter sido semeado com vida proveniente de Marte.

Mas há outra versão dessa teoria. No começo da vida na Terra, pedaços do nosso planeta também foram arrancados por asteroides. Nossa Lua pode até ter sido formada pela colisão de um gigantesco objeto com a Terra. Se encontrarmos vida semelhante à da Terra em Marte, a sinergia entre os dois planetas e a possibilidade de um ter semeado o outro será um fantástico quebra-cabeça. Mais fantástico ainda será encontrar micróbios sobreviventes em Marte. Tal descoberta atrairá bastante os emigrantes, porque essas formas de vida estarão adaptadas de forma única ao planeta. Se os micróbios fossem revividos em quantidade pela água fluida, certamente trariam muitos benefícios para a atmosfera e para outras espécies de vegetação mais avançadas. Mesmo que uma exploração inicial não revele nenhum sinal óbvio de vida em Marte, só poderemos afirmar com certeza que existe vida se os rios voltarem a fluir. Só então descobriremos se há algo escondido no regolito, sob as rochas, talvez em profundas fontes térmicas ou aquíferos abaixo da superfície que sejam aquecidos por efeitos geotérmicos.

Conforme Marte for se aquecendo, os colonizadores iniciais talvez acordem um belo dia e observem algo parecido com um lodo crescendo sob seus pés. Se houver vida em Marte que consiga ser revitalizada pelo aquecimento, isso poderá acelerar a adaptabilidade do planeta para os seres humanos. É claro que essa vida também pode ser altamente tóxica, penetrando até mesmo na melhor roupa espacial e matando todos os homens no planeta. No entanto, pelo que sabemos sobre a vida na Terra, essa última hipótese é improvável.

Outra incógnita diz respeito à vida que levaremos para Marte e como ela vai se adaptar ao novo ambiente. Por mais que tentemos esterilizar a espaçonave antes de sair da Terra, sempre haverá micróbios querendo pegar carona. É uma tolice imaginar que as sondas que mandamos para Marte eram estéreis, porque sabemos que as salas higienizadas onde elas foram construídas não eram tão limpas assim. Seja como for, introduziremos novas formas de vida no ambiente marciano. E elas certamente encontrarão um jeito de se desenvolver, sobretudo se conseguirmos fazer a água fluir.

Existem problemas de curto prazo na terraformação de Marte, como o aquecimento do planeta, mas também há problemas de duração muito maior, como a conversão da atmosfera tóxica em outra que seja respirável para os seres humanos. Essa dificuldade já foi analisada no capítulo anterior, mas vale a pena contextualizá-la no âmbito da terraformação, pois o problema da falta de oxigênio é, sem dúvida, o mais desafiador que as colônias marcianas terão de enfrentar, além de envolver muito tempo e dinheiro. As pessoas e os grupos que promoveram Marte à nova fronteira podem até estar sendo otimistas quanto ao uso da tecnologia para aquecer o planeta e fazer a água voltar a fluir. Antes de falar da criação de uma atmosfera respirável, é bom frisar que a agilidade do processo de terraformação de Marte dependerá de quanto dinheiro estivermos dispostos a investir no processo. Se empregarmos as tecnologias mais caras e eficientes, conseguiremos estabelecer mudanças radicais em Marte em algumas décadas. Mas oxigenar a atmosfera? Na melhor das hipóteses, seria uma tarefa para centenas de anos.

Existem duas dificuldades gigantescas. A primeira é que o ar que respiramos contém 21 por cento de oxigênio e 78 por cento de nitrogênio, e essa mistura é crucial. Com um pequeno porcentual a menos, ficamos azuis; com um pequeno porcentual a mais, os pulmões se danificam. O nitrogênio que respiramos é um tapa-buraco; não reage com nossos pulmões, e depois de respirá-lo o exalamos. Mas, em volume, ele representa a grande maioria do ar que respiramos. Gases inertes como o argônio – ou uma mistura de argônio e nitrogênio – são nossa maior esperança. Portanto, não precisamos apenas dispor de quantidade suficiente de oxigênio para bombear em Marte, que é 95 por cento CO_2, mas também achar um jeito de substituir a maioria do gás CO_2 por outro gás inerte. Para complicar as coisas, mesmo que consigamos reajustar a atmosfera de Marte, o planeta tenderá a esfriar quando reduzirmos a quantidade de dióxido de carbono. Uma atmosfera de oxigênio e nitrogênio ou outro gás inerte não gera o efeito estufa. Na Terra, a enorme quantidade de vapor de água, entre outros fatores, ajuda a manter o planeta aquecido. Por exemplo, se conseguirmos aquecer Marte suficientemente para o gelo derreter, a atmosfera será envolvida por grande abundância de vapor de água. Em seguida, começará a chover e a nevar.

As estratégias apresentadas por cientistas e engenheiros para oxigenar Marte são muito mais incompletas e imprecisas do que suas propostas de terraformação. Ainda não dispomos de toda a tecnologia necessária para criar uma atmosfera respirável. Temos ótimas sugestões de como fazê-lo, mas não sabemos se as técnicas funcionarão logo de início. É preciso muita cautela nessa abordagem, pois, se agirmos de forma errada, talvez não possamos voltar atrás.

Mesmo as hipóteses mais otimistas para transformar a atmosfera marciana preveem um prazo de novecentos anos. Porém, durante esse tempo, é provável que os humanos se desenvolvam ainda mais, aumentando a possibilidade de sucesso. Faz menos de cinquenta anos que a *Apollo 11* pousou na Lua. Daqui a duzentos ou trezentos anos, nosso conhecimento geral terá se multiplicado a passos largos, e teremos então muito mais ideias sobre a questão. E existe um catalisador no processo – a engenharia genética, especialmente de plantas, está avançando numa velocidade assustadora. Apesar de a modificação genética ter uma conotação negativa na Terra, poderia ser a solução para criar a atmosfera adequada para vivermos em Marte.

Vamos analisar a questão sobre a mudança da atmosfera de Marte. Assim que aquecermos o planeta e a água começar a fluir, ela irá hidratar depósitos de nitrato e liberar nitrogênio, que é essencial para a vida das plantas. Quanto mais vegetação conseguirmos criar em Marte, mais oxigênio teremos. À medida que a água fluir sobre muitos dos compostos oxidantes no regolito, vai se degenerar e produzir ainda mais O_2. Há grandes quantidades de oxigênio presas na poeira vermelha que cobre Marte, que é composta de óxido de ferro.

Pequenas máquinas movidas a energia nuclear poderiam se locomover pela superfície de Marte, colhendo a poeira, aquecendo-a e liberando oxigênio. (Mas é um pouco absurdo imaginar que teríamos de usar milhões desses dispositivos semelhantes a "cortadores de grama", que consumiriam enorme quantidade de energia.) A melhor alternativa talvez seja seguir a teoria de Robert Zubrin de povoar Marte com bactérias e plantas primitivas para dar início ao processo de oxigenação, o que permitiria que espécies maiores, que produzem muito mais oxigênio, se instalassem.

As radiações solar e cósmica serão um problema para as plantas, mas, assim que o planeta for sendo aquecido e a atmosfera ficar mais densa – mesmo que seja com dióxido de carbono –, os danos por radiação diminuirão. Como mencionei no capítulo anterior, embora a grande quantidade de CO_2 seja uma grande desvantagem para os seres humanos, pode ser ótima para as plantas. Elas consomem CO_2 e expelem oxigênio. O físico Richard Feynman, falecido recentemente, costumava dizer que as árvores não são plantas da terra – elas crescem a partir do ar. Para crescer, precisam basicamente de luz solar e dióxido de carbono, porém a maior parte também necessita da água do solo. As plantas poderiam se desenvolver no ambiente rico em CO_2 de Marte, e nossa habilidade em engenharia genética nos permite criar plantas que cresceriam ainda melhor e mais rápido no planeta. No fim, a genética pode ser a solução para tornar o ar respirável. Não devemos esperar que as plantas que conhecemos consigam essa proeza – elas precisam ser radicalmente modificadas para sobreviver num ambiente com mais radiação, menos pressão atmosférica e menos nitrogênio do que na Terra.

As plantas, porém, representam apenas uma parte da solução. Como estamos nos aprimorando em modificar geneticamente as bactérias e outros pequenos micróbios, conseguiremos produzir novas formas de vida que possam consumir aquilo de que não precisamos em Marte, como o CO_2, e expelir o que necessitamos – ou seja, oxigênio e nitrogênio.

A estimativa de que todo o processo demore cerca de mil anos não leva em conta os possíveis avanços em ciência e tecnologia. Em setembro de 2014, a sonda *Maven*, da Nasa, entrou na órbita de Marte. Ela foi projetada para estudar a parte superior da atmosfera e da ionosfera com o objetivo de descobrir quanto do gás restante no planeta vermelho está sendo removido pelo vento solar. O projeto inteiro – que deve durar um ano – tentará descobrir o que transformou Marte, que já foi um planeta úmido e quente,

como sabemos, no planeta árido e gelado que é hoje.
A sonda *Maven* ainda nos dará muitas informações.

Uma coisa é certa: nosso conhecimento sobre Marte não para de se expandir. Nossa habilidade em projetar formas de vida vem aumentando rapidamente. Estamos ficando cada vez mais espertos. Basta comparar com o que sabíamos de química e biologia há trezentos anos, no começo dos anos 1700. Agora tente imaginar o que saberemos daqui a trezentos anos, no começo dos anos 2300. A maior parte do que conhecemos hoje parecerá ultrapassada.

Mudamos Marte ou mudamos o ser humano?

Estamos nos aperfeiçoando em editar códigos genéticos – manipulando os genes dentro das células vivas, adicionando e removendo alguns. Sabemos usar vírus para entrar no núcleo das células humanas e alterar seu código genético. Até agora esse processo vem sendo usado para o tratamento de doenças incuráveis. Mas em pouco tempo – talvez em apenas cinquenta anos – seremos capazes de modificar seres humanos geneticamente. Na verdade, isso já está acontecendo, mas de formas muito sutis. Quase 8 por cento do nosso código genético provém de vírus que atacaram nosso corpo desde o início da raça humana, entrando em nossas células e alterando nosso DNA para facilitar sua reprodução. Estamos copiando o processo natural – usando vírus para entrar nas células e alterá-las. Uma empresa chamada Celladon, de San Diego, já está na segunda fase de testes com a Food and Drug Administration [Agência Federal de Alimentos e Medicamentos, FDA] de um processo para alterar as células musculares de corações que não bombeiam sangue com intensidade suficiente. Eles estão reprogramando as células do coração. E isso é uma façanha tão extraordinária quanto a de colonizar Marte: por que não alteramos os pulmões humanos ou as hemácias (células do sangue) humanas para conseguirem separar o carbono da molécula de CO_2? Seria ingenuidade achar que não seríamos capazes de realizar essa façanha em trezentos anos.

Assim, a melhor solução para a questão da sobrevivência do homem em Marte talvez não seja mudar Marte, mas sim os seres humanos. Por mais assustadora que pareça essa sugestão, já temos condições de fazer isso. E abraçamos a ideia sem medo no que se refere ao tratamento ou à prevenção de doenças. Da maneira como as coisas caminham, logo serão os seres humanos que estarão no controle da nossa evolução, e não a natureza. Não vejo por que não usar esse conhecimento para transformar nosso planeta "alternativo" num lugar melhor para viver.

"Eu acho que os astronautas podem ser aperfeiçoados por meio de terapia genética", diz Angelo Vermeulen. "O corpo humano não foi projetado para viagens espaciais. Sabemos que algumas pessoas são menos afetadas por radiação do que outras. Cedo ou tarde, descobriremos a razão e modificaremos nossos genes para poder nos adaptar."

Talvez não seja possível mudar os seres humanos no curso da vida para que consigam respirar uma atmosfera de dióxido de carbono, mas creio que podemos modificar as células ovócito e espermatozoide para provocar essa transformação em nossos filhos. A engenharia genética não é mais uma fantasia. Ela está se tornando cada vez

mais real. Enquanto isso, à medida que o tempo passa
e o nosso conhecimento sobre terraformação aumenta,
vamos aprimorar a habilidade de manipular a genética
humana para que, quando chegarmos a um ponto em
que a atmosfera marciana seja de apenas 40 por cento de
CO_2, já estejamos aptos a alterar a fisiologia humana para
que o homem possa respirar um ar que contenha esses
40 por cento de CO_2. Talvez a genética e a terraformação
encontrem um equilíbrio saudável.

    Modificar seres humanos talvez pareça mais fantástico
do que alterar um planeta inteiro, mas no momento
somos bem mais capazes de realizar a primeira hipótese
do que a segunda. Talvez seja meio tenebrosa a ideia
de usarmos poderes que já foram atribuídos a deuses,
mas o gênio já saiu da garrafa. Precisamos abraçar esses
poderes para sobreviver.

8 A próxima corrida do ouro

Infelizmente, o principal motivo pelo qual os seres humanos querem transformar Marte num planeta onde possam viver bem, sem necessidade de trajes pressurizados nem máscaras de oxigênio, não tem nada a ver com o fato de estarmos destruindo nosso planeta ou de sabermos que precisamos nos tornar espécies exploradoras do espaço antes que o Sol agonize e engula a Terra ou a expulse da órbita. As pessoas vão para Marte pela mesma razão que motivou a Corrida do Ouro na Califórnia – querem ficar ricas. Assim como nas colonizações anteriores, o progresso será motivado pela vontade de recomeçar a vida e encontrar riquezas. Algumas pessoas que ficarão ricas explorando essa nova fronteira poderão conseguir isso simplesmente ajudando outras pessoas a chegar lá. Elon Musk com certeza considera a SpaceX uma continuação dessa tradição. Ele até já calculou o preço da passagem para Marte.

Depois que as primeiras levas de colonizadores explorarem Marte e descobrirem que não há ouro em antigos leitos de rio, podem começar a mudar de foco, seguindo um anúncio escondido no *site* da Nasa sobre asteroides nas proximidades da Terra: "A riqueza mineral que existe no cinturão de asteroides localizado entre as órbitas de Marte e de Júpiter seria equivalente a 100 bilhões de dólares para cada pessoa na Terra hoje". O cinturão de asteroides entre Marte e Júpiter é extremamente rico em minerais, mas estes são muito difíceis de explorar a partir da Terra, em parte porque custa muito caro escapar da nossa gravidade no lançamento de foguetes. No entanto, como a gravidade em Marte é mais fraca, lançar uma nave para os asteroides de lá seria relativamente barato. E há mais uma vantagem – a distância até os asteroides partindo de Marte é bem menor que saindo da Terra. Assim que a colônia em Marte estiver estabelecida, explorar asteroides será mais econômico e mais fácil que tendo a Terra como base.

Musk, contudo, acha que explorar asteroides de Marte terá um custo muito elevado se os metais forem retornar à Terra, e esse simples comércio no planeta vermelho sustentaria a população. "A base econômica de uma colônia de Marte será a mesma da Terra – desde montar uma fundição de ferro até abrir uma filial da Pizza Hut", diz ele. "Quanto ao que eles levarão para a Terra, creio que será principalmente o patrimônio intelectual. Por exemplo, entretenimento, softwares ou algo que possa ser transportado com fótons em vez de átomos. Uma coisa transportada com átomos talvez fosse incrivelmente valiosa em relação ao peso, porque o custo de trazer de volta para a Terra seria bastante elevado [...] No modelo que tenho em mente, a carga que retorna [numa espaçonave vinda de Marte] é menor que a carga que vai. Isso porque, na viagem de volta de Marte, você tem apenas a nave espacial – sem o módulo lançador."

Entretanto, talvez precisemos explorar esses asteroides mais cedo do que se imagina. A população da Terra está se encaminhando para 8 bilhões de pessoas, e muitos metais importantes estão se esgotando – mesmo aqueles básicos sem os quais não imaginamos viver, como o cobre. Muitos dos metais encontrados na crosta terrestre logo estarão esgotados. Quase toda a quantidade de metais como ouro, prata, cobre, estanho, zinco, antimônio e fósforo, facilmente extraíveis na Terra, pode acabar dentro de cem anos. É irônico observar que, na verdade, os metais e minerais fundamentais para a fabricação de produtos eletrônicos chegam ao nosso planeta por meio de asteroides. O níquel, o paládio, o molibdênio, o cobalto, o ródio e o ósmio originais da Terra afundaram para o centro do planeta, numa bola quente e fundida, quando ele estava em formação. Esses elementos foram puxados para o núcleo da Terra por sua forte atração gravitacional. Como o planeta começou a esfriar e a crosta a se desenvolver, algumas circunstâncias na formação do nosso sistema solar provocaram uma chuva de asteroides que trouxeram para a Terra muitos dos metais raros e semirraros que hoje extraímos para a indústria moderna.

 A Nasa e muitas empresas espaciais privadas e oportunistas já previram o comércio de metais provenientes do cinturão de asteroides. Mas nem todo mundo descobriu que é muito mais lógico explorar esses metais a partir de Marte. Tanto Marte como o miniplaneta Ceres seriam bases ideais para lançar uma operação de mineração de asteroides, com naves de carga dispensáveis enviadas à órbita de transferência de Hohmann para terminar meses depois na Terra (ou mesmo em Marte, que exigirá seus próprios materiais para construir e manter as colônias). Não seria exagerado imaginar o contínuo vaivém de naves de exploração entre asteroides e Marte e o estabelecimento de fábricas em Marte que transformariam elementos e metais raros em dispositivos exóticos e aperfeiçoados que depois seriam enviados à Terra. Imagine ver um iPhone 30 com a seguinte inscrição: "Fabricado em Marte".

Os asteroides são uma mina de dinheiro. Um asteroide tipo S de 12 metros de comprimento (mais de 15 por cento dos asteroides são do tipo S) pode conter mais de 500.000 quilos de níquel, ouro, platina, ródio, ferro e cobalto. Isso não passou despercebido. Em 2012, uma empresa foi reorganizada, com o nome de Planetary Resources, Inc., e adaptada para explorar asteroides. Entre os investidores estão o ex-diretor executivo do Google, Eric Schmidt, e o cofundador da empresa, Larry Page. Em 2013, seguindo o rastro da Planetary Resources, surgiu outra companhia, chamada Deep Space Industries. Atualmente, seu *website* parece um cenário de filme de ficção científica, com ilustrações de CubeSats, veículos de reconhecimento e uma enorme nave espacial de mineração construída no espaço que nunca entrará na atmosfera de um planeta. O cientista-chefe da Deep Space é John S. Lewis, que lecionou no MIT e na Universidade do Arizona. Ele é autor de *Mining the Sky: Untold Riches from the Asteroids, Comets, and Planets* [Mineração do céu: riquezas incalculáveis dos asteroides, cometas e planetas]. Embora o livro remeta um pouco à ficção científica, é bastante sério. A Deep Space assinou contrato com a Nasa para pesquisar a exploração de asteroides e está projetando uma pequena espaçonave para sondar o potencial dos locais de mineração.

A empresa pretende iniciar a perfuração num asteroide real em 2023. Até lá, a própria Nasa também planeja enviar uma cápsula *Orion* tripulada para um asteroide.

Assim que uma base de Marte estiver razoavelmente em operação, muitas pessoas vão querer ir para lá. Se observarmos quanta gente vive se mudando de um país para outro, ano após ano, concluiremos que muita gente na Terra deseja ir para um lugar onde o futuro pareça mais promissor. Isso é próprio do espírito humano.

Por exemplo, não se sabe ao certo como as colônias inglesas na América do Norte se desenvolveram tão rapidamente. Em 1620, o navio *Mayflower* transportou 102 passageiros da Inglaterra para Plymouth, em Massachusetts. Dez anos depois, Boston se transformaria numa cidade, e em 1640 mais de 30.000 colonos já haviam se instalado ali, e a maioria se dispersou na direção do oeste. Jamestown, a primeira colônia inglesa permanente dos Estados Unidos, começou com 104 colonizadores em 1607, e sobraram apenas 35 até que o primeiro navio de suprimentos chegasse, no ano seguinte. Porém, em 1622, logo após o *Mayflower* atracar, a população da Virgínia já havia aumentado para 1.400. A colônia de Marte talvez não tenha um desenvolvimento tão rápido, embora a duração de uma viagem marítima pelo Atlântico em 1600 fosse comparável ao tempo que as pessoas levarão para chegar ao planeta vermelho numa espaçonave. E o custo, em termos relativos, não é tão diferente.

Marte se tornará a nova fronteira, a nova esperança e o novo destino para milhões de terráqueos, que farão de tudo para aproveitar as oportunidades que os aguardam no planeta vermelho.

A discussão sobre a colonização de Marte deve levar em conta o terreno perigoso que existe entre necessidade e ganância. Embora não haja populações nativas em Marte para subjugar, poderia ocorrer uma corrida desenfreada por recursos materiais, levando à devastação do meio ambiente, à destruição de lugares propícios à investigação científica e até mesmo à tentação de retornar ao trabalho escravo. O Tratado do Espaço Exterior, de 1967, e outros documentos que se seguiram a esse tentaram designar o território da Terra como um terreno comum, mas os seres humanos têm provado que precisam de leis para guiar seu comportamento, assim como de agentes para fazê-las vigorar.

Se agirmos de forma equívoca, se repetirmos os erros do passado, as consequências poderão ser devastadoras. Se agirmos corretamente, porém, os benefícios potenciais para o futuro da humanidade serão surpreendentes.

9 A fronteira final

Há pouco menos de quinhentos anos, o navegante português Fernão de Magalhães preparou cinco embarcações pequenas e seguiu para o Ocidente por mares e terras que os europeus nunca tinham visto antes. Embora a missão de Magalhães fosse encontrar um novo caminho para a Ásia, o resultado de sua jornada estava longe de ser seguro. Ninguém sabia se um navio poderia navegar do oceano Atlântico para o Pacífico, apesar das viagens exploratórias anteriores de Colombo e outros. A frota levava suprimentos para uma viagem de até dois anos, mas a circum-navegação durou três. Todos os barcos, com exceção de um, se perderam ou foram destruídos, muitos tripulantes morreram, e o próprio Magalhães foi morto por uma tribo hostil nas Filipinas. A sobrevivência era difícil, dependendo muitas vezes da simples criatividade humana.

Essa viagem mudou tudo. Era o início da Era dos Descobrimentos. Quando os continentes e as civilizações começaram a se comunicar através dos oceanos, o tamanho da Terra basicamente dobrou. De uma hora para outra, novos recursos inimagináveis tornaram-se disponíveis. As pessoas não eram mais habitantes de uma cidade ou de uma pequena região – eram habitantes de um planeta inteiro. As distâncias que antes pareciam colossais se tornaram menores. Impérios foram criados e destruídos. Velhos Mundos e Novos Mundos colidiram. Plantas, pessoas, doenças e culturas iam e vinham pela Terra. O milho foi para a Europa e os cavalos vieram para as Américas. Algumas economias floresceram, outras desmoronaram. E a maneira como cada pessoa via o mundo se expandiu, se contraiu, e se multiplicou.

Uma viagem para Marte fará com que a Era dos Descobrimentos pareça um acontecimento minúsculo na história da humanidade. De repente, nosso mundo vai abranger um sistema solar inteiro, em vez de um planeta. Nossas habilidades em geoengenharia vão se expandir a ponto de conseguirmos transformar algo tão grande como um planeta. Rotas comerciais que pareceriam impossíveis para as gerações passadas serão estabelecidas. A Terra ganhará metais que lhe são absolutamente necessários e o conhecimento técnico para salvar o meio ambiente. A oportunidade de viver em outro lugar dará esperança a milhões de pessoas.

Precisamos trabalhar arduamente para salvar nosso planeta – não existe nenhum outro parecido lá fora de que tenhamos conhecimento. A imagem da Terra vista à distância ilustra como nosso mundo é delicado, na verdade. Sabe aquela névoa azul, extremamente fina, que circunda a Terra? Essa é toda a atmosfera que temos para respirar. A maior parte do nosso oxigênio está contida aproximadamente nos primeiros 1.500 metros do céu. Uma visão completamente diferente da Terra, olhada de longe, talvez inspire centenas de milhares de pessoas. Isso trará uma sensibilidade maior e a compreensão de como as coisas se entrelaçam numa ecologia finita, e os seres humanos poderão entender o sentido da vida de um modo mais sofisticado. Viajar para Marte pode nos dar o discernimento para ver nosso planeta sob uma perspectiva real. Nunca devemos abandonar essa visão.

Mas será que poderemos fazer as duas coisas? Ser uma sociedade exploradora do espaço e ao mesmo tempo encontrar um perfeito equilíbrio com a natureza de nosso planeta? Será que poderemos aprender a cuidar melhor da Terra por meio da experiência com a terraformação de Marte? Será que poderemos aprender com os erros do passado, que causaram destruição e prejuízo às civilizações nativas quando foram invadidas pelos colonizadores? Será que a nova Era dos Descobrimentos poderá trazer esperança, aprimorando o espírito humano e ao mesmo tempo garantindo a preservação da espécie – com suas incríveis realizações culturais –, projetando-nos por um longo futuro?

AGRADECIMENTOS

Agradeço a Chris Anderson por me incentivar a escrever este livro quando eu poderia ter passado mais tempo pilotando quadricópteros com ele; a Michelle Quint, pela brilhante editoração das imagens; a Alex Carp, por me manter sempre atento aos fatos; a John House, por encontrar notícias impressionantes sobre Marte em *sites* obscuros; a Juan Enriquez, por não me deixar esquecer as habilidades dos seres humanos; e à minha querida esposa, Chee Pearlman, pelo apoio constante, apesar de ela achar que as pessoas têm coisas melhores a fazer do que de ir para Marte.

CRÉDITO DE IMAGENS (NA ORDEM EM QUE APARECEM)

Nasa / Lewis Research Center
Cortesia de Bonestell LLC
Cortesia de Bonestell LLC
Nasa / JPL-Caltech / MSSS
Nasa / JPL-Caltech / MSSS
Cortesia da SpaceX
Cortesia da SpaceX
Cortesia da SpaceX
Cortesia da SpaceX
Cortesia da SpaceX
Nasa / JPL-Caltech
Nasa / JPL-Caltech / Universidade do Arizona
Nasa / JPL-Caltech / Universidade do Arizona
Nasa / JPL / Universidade do Arizona
Nasa / JPL-Caltech / Universidade do Arizona
© ESA / DLR / FU Berlin (G. Neukum, Alemanha)
Nasa / JPL-Caltech / LANL / CNES / IRAP / LPGNantes / CNRS / IAS / MSSS
Nasa / JPL-Caltech / MSSS
Nasa / JPL-Caltech / Universidade do Arizona
Nasa / JPL-Caltech / MSSS
Nasa / JPL-Caltech / MSSS / TAMU
Nasa / JPL / Universidade do Arizona

SOBRE O AUTOR

Em seus quarenta anos no ramo editorial, Stephen Petranek já recebeu diversos prêmios e distinções por seus trabalhos sobre ciência, vida natural, tecnologia, política, economia etc. Já foi editor-chefe da maior revista de ciência do mundo, a *Discover*, editor da revista *Washington Post*, fundador e editor-chefe da revista *This Old House*, editor sênior de ciência da revista *Life* e editor-chefe de um grupo de dez revistas de história do Weider History Group. Hoje ele é editor do *Breakthrough Technology Alert*, no qual fala sobre investimentos para criar valores verdadeiros e contribuir para o avanço da raça humana.

ASSISTA À PALESTRA TED DE STEPHEN PETRANEK

A palestra TED de Stephen Petranek, disponível gratuitamente no *site* TED.com, deu origem ao livro *De mudança para Marte*.

PALESTRAS RELACIONADAS NO TED.COM

Brian Cox: *Por que precisamos de exploradores*

Em um momento econômico difícil, nossos programas de exploração científica – desde sondas espaciais até o Grande Colisor de Hádrons – são os primeiros a sofrer cortes orçamentários. Brian Cox explica como a ciência movida pela curiosidade pode ser recompensadora, estimulando a inovação e a valorização da vida.

Burt Rutan: *O futuro real da exploração espacial*

Em uma palestra emocionada, Burt Rutan, famoso engenheiro projetista de espaçonaves, critica o programa espacial financiado pelo governo americano por promover uma estagnação do setor e suplica aos empresários que continuem o trabalho da Nasa.

Elon Musk: *A grande mente que está por trás da Tesla, da SpaceX, da SolarCity...*

O empresário Elon Musk tem muitos planos. O fundador da PayPal, da Tesla Motors e da SpaceX, ao lado do curador do TED, Chris Anderson, compartilha os detalhes de seus projetos visionários, que incluem um carro elétrico para as massas, uma empresa prestadora de serviços de energia solar e um foguete totalmente reutilizável.

Stephen Petranek: *10 maneiras de o mundo acabar*

Como seria o fim da raça humana? Stephen Petranek expõe dez hipóteses terríveis e a ciência que as embasa. Seremos exterminados por um asteroide? Haverá um colapso ambiental? Ou o culpado será um gerador de partículas descontrolado?

SOBRE OS TED BOOKS

Os TED Books são pequenas obras sobre grandes ideias. São breves o bastante para serem lidos de uma só vez, mas longos o suficiente para aprofundar um assunto. A série, muito diversificada, cobre da arquitetura aos negócios, das viagens espaciais ao amor, e é perfeita para quem tem uma mente curiosa e vontade de aprender cada vez mais.

Cada título corresponde a uma palestra TED, disponível no *site* TED.com. Os livros continuam a partir de onde a palestra acaba. Um discurso de dezoito minutos pode plantar uma semente ou gerar uma fagulha na imaginação, mas muitos criam o desejo de se aprofundar, conhecer mais, ouvir a versão mais longa da história. Os TED Books foram criados para atender a essa necessidade.

CONHEÇA OUTROS TÍTULOS DA COLEÇÃO

O filho do terrorista – A história de uma escolha, de Zak Ebrahim com Jeff Giles

A arte da quietude – Aventuras rumo a lugar nenhum, de Pico Iyer

A matemática do amor – Padrões e provas na busca da equação definitiva, de Hannah Fry

O futuro da arquitetura em 100 construções, de Marc Kushner

A vida secreta dos micróbios – Como as criaturas que habitam o corpo definem hábitos, moldam a personalidade e influenciam a saúde, de Rob Knight com Brendan Buhler

O poder das pequenas mudanças, de Margaret Heffernan

SOBRE O TED

O TED é uma entidade sem fins lucrativos que se destina a divulgar ideias, em geral por meio de inspiradoras palestras de curta duração (dezoito minutos ou menos), mas também na forma de livros, animações, programas de rádio e eventos. Tudo começou em 1984 com uma conferência que reuniu os conceitos de Tecnologia, Entretenimento e Design, e hoje abrange quase todos os assuntos, da ciência aos negócios e às questões globais em mais de cem idiomas.

O TED é uma comunidade global, acolhendo pessoas de todas as disciplinas e culturas que buscam uma compreensão mais aprofundada do mundo. Acreditamos veementemente no poder das ideias para mudar atitudes, vidas e, por fim, nosso futuro. No *site* TED.com, estamos constituindo um centro de acesso gratuito ao conhecimento dos mais originais pensadores do mundo – e uma comunidade de pessoas curiosas que querem não só entrar em contato com ideias, mas também umas com as outras. Nossa grande conferência anual congrega líderes intelectuais de todos os campos de atividade a trocarem ideias. O programa TEDx possibilita que comunidades do mundo inteiro sediem seus próprios eventos locais, independentes, o ano todo. E nosso Open Translation Project [Projeto de tradução aberta] vem assegurar que essas ideias atravessem fronteiras.

Na realidade, tudo o que fazemos – da TED Radio Hour aos diversos projetos suscitados pelo TED Prize [Prêmio TED], dos eventos TEDx à série pedagógica TED-Ed – é direcionado a um único objetivo: qual é a melhor maneira de difundir grandes ideias?

O TED pertence a uma fundação apartidária e sem fins lucrativos.